TURING 图灵程序设计丛书

37 Things One Architect Knows About IT Transformation
A Chief Architect's Journey

架构师应该知道的37件事

[美] 格雷戈尔·霍培（Gregor Hohpe）◎著
许顺强◎译

人民邮电出版社
北京

图书在版编目（CIP）数据

架构师应该知道的37件事 / (美) 格雷戈尔·霍培
(Gregor Hohpe) 著 ; 许顺强译. -- 北京 : 人民邮电出
版社, 2020.5（2023.7重印）
（图灵程序设计丛书）
ISBN 978-7-115-53465-1

Ⅰ. ①架… Ⅱ. ①格… ②许… Ⅲ. ①软件设计
Ⅳ. ①TP311.5

中国版本图书馆CIP数据核字(2020)第043353号

内 容 提 要

本书汇集了一名架构师20多年来在全球各大企业任职的经验，共分为5个部分，分别对应在帮助大型企业进行IT转型的过程中，首席架构师必须高效处理的5个方面：企业或IT架构师的角色和能力、架构工作在大型企业中的价值、与各种干系人的沟通、对组织结构和系统的理解、对传统组织进行转型。本书科学而系统地归纳出软件架构师应该具备的完整能力模型，不仅帮助软件开发人员系统地学习如何掌握这37项技能，而且还能让他们进一步理解软件架构师的角色和本质，使他们最终突破技术“天花板”，成为一名合格的软件架构师。

本书适合软件架构师、软件开发人员、项目管理人员以及CTO阅读。

◆ 著 [美]格雷戈尔·霍培
译 许顺强
责任编辑 温 雪
责任印制 周昇亮

◆ 人民邮电出版社出版发行 北京市丰台区成寿寺路11号
邮编 100164 电子邮件 315@ptpress.com.cn
网址 http://www.ptpress.com.cn
北京七彩京通数码快印有限公司印刷

◆ 开本：800×1000 1/16
印张：12.25 2020年5月第1版
字数：290千字 2023年7月北京第8次印刷
著作权合同登记号 图字：01-2017-5586号

定价：69.00元

读者服务热线：(010)84084456-6009 印装质量热线：(010)81055316
反盗版热线：(010)81055315
广告经营许可证：京东市监广登字20170147号

版权声明

译 者 序

一直以来都很钦佩那些技术大咖们，不仅佩服他们在软件技术或流程上的造诣，而且更佩服他们在软件主题上精辟形象的讲解。他们能够用浅显易懂的示例、诙谐幽默的语言，把很多看似枯燥高深的技术主题提炼并阐述出其精粹，这才得以让我们这些软件界的后辈们能更轻松高效地学习、吸收和运用这些知识和技能。这些精辟形象的讲解背后是技术大咖们千万次的整理和总结，他们的努力极大地促进了软件行业的发展。作为译者，我也希望能够把大咖们的精辟讲解尽可能原汁原味地传达给所有中文读者。

我很幸运自己有机会翻译这本架构主题的书。当看到这本书的作者就是格雷戈尔·霍培时，我一下子就来了精神。我拜读过他的大作《企业集成模式》中的60多种消息传递相关的模式，他在技术概念的抽象提炼上绝对是大咖中的大咖。翻译本书的最终用时是我翻译上本译作的好几倍，一是因为我把这次翻译当作对自身在架构上的理解的一次检验，对书中的每个主题，都用作者的讲述对照自己多年来的架构工作经验，尽可能深入地总结和反思；二是因为作者采用了比较抽象的故事讲述手法，而不是在技术著作中经常会看到的基于数据进行科学分析的方式。我非常认同作者的看法，相比于枯燥直白的科学分析，故事可以让人产生情感上的共鸣，激发大脑的更多区域参与理解和记忆，因此更容易给受众留下深刻的印象。为了保证译文尽可能反映作者的真实意图，同时又符合中文阅读和思考的习惯，我尽了最大的努力，对译文的选词和顺序反复地推敲和斟酌。当然，由于我自身能力和精力有限，译文中难免出现需要改正或改进的地方，欢迎大家指正。

书中的精彩内容我就不在此剧透了。总之，所有主题都是作者20多年来在IT领域里作为创业合伙人、系统集成员、技术顾问、作家、互联网软件工程师和大型跨国组织的首席架构师的经验积累，这样丰富传奇的经历一定会为我们带来更深入的洞见和更精辟的总结。千万不要被书名所迷惑，里面可不只有37件干货，建议大家先翻开目录看看。至于为什么取这个书名，作者还专门用了一段文字来解释。读完这段解释，相信大家一定会感受到作者文笔的诙谐幽默，而这就是全书的风格：每一节讲一个故事，我们可以轻松地从书中任何一个故事读起。

最后，我要感谢我美丽的妻子蓉蓉和调皮的儿子叮当，感谢他们对我翻译兴趣的理解和支持，因为我在工作之余因翻译而占去的时间本该属于他们。

许顺强

2020年1月10日

关于本书

很多大型企业都面临着全球快速数字化的压力："数字化企业"以全新的商业模式出乎意料地杀入市场；长期使用 Facebook 等数字应用程序的这一代人设定了截然不同的用户期望；现在人人都可以使用信用卡轻松享用云端的各种高新技术成果。这对于那些采用传统技术和组织结构、已经并且依旧很成功的企业来说，是个非常棘手的挑战。"调转船头"，这个经常用来描述转型的短语，已成为很多传统企业董事会上的热议话题："我们需要全新的数字产品！""我们需要更新技术！""我们需要调整组织架构！""我们需要变得敏捷！""我们需要数字化！"……董事会常常发出这些呐喊。然而，知之非难，行之不易。

首席 IT 架构师和首席技术官（CTO）在这样的数字化转型中扮演着非常关键的角色。他们能够综合运用技术能力、沟通技巧和组织能力，理解如何通过更新技术来让企业实实在在地受益，懂得"敏捷"和"DevOps"的真正含义，知道需要什么样的技术基础设施才能在确保质量的同时提高效率。然而，首席 IT 架构师和 CTO 的工作并不轻松，他们必须能在把 IT 看作成本中心的企业中调配自如。在这样的企业中，运营意味着"运行"，而不是"改变"；人到中年的中层管理者思想安逸，既不了解经营战略，也不了解基础技术。因此，软件/IT 架构师成为全球炙手可热的 IT 专业人士也就不足为奇了。

既然大家对首席架构师的期望这么高，那么如何才能成为成功的首席架构师呢？如果你已经是一位成功的首席架构师了，那么又如何获得支持并保持优势呢？当我成为首席 IT 架构师时，我知道并没有什么架构仙丹，于是我尝试去寻找一本书，这本书至少能帮助我避免一直重新发明轮子。我参加了很多为首席信息官（CIO）或 CTO 举办的研讨会，这些研讨会虽然有用，但是大多数讨论的是企业要达成什么目标，很少谈及如何在技术层面实现这些目标。因为没有找到这样的书，所以我决定将自己过去 20 多年担任软件工程师、技术顾问、联合创始人以及首席架构师时积累的经验汇集成书。

你能学到什么

本书共分 5 个部分，分别对应在帮助大型企业进行 IT 转型的过程中，首席架构师必须高效处理的5个方面：

- 企业或IT架构师的角色和能力
- 架构工作在大型企业中的价值
- 与各种干系人的沟通
- 对组织结构和系统的理解
- 对传统组织进行转型

本书并不是纯粹的技术书，而旨在讨论架构师应该如何开拓视野，从而更好地在大型组织中发挥一技之长。本书并不会教你如何配置Hadoop集群，或是如何使用Docker搭建容器编组，而是教你如何构思大型架构，如何确保你的架构对经营战略有益，如何利用供应商的专业能力，以及如何与高层管理者沟通。

书中内容可行性如何

正如书名所示，本书带有一定程度的个人色彩：它完全基于我个人过去20多年在IT领域积累的经验。在这20多年里，我做过创业公司的联合创始人（虽然没赚什么钱，但很有趣）、系统集成员（让税务审计变得更加高效）、技术顾问（制作了超多的幻灯片）、作者（收集并记录了很多深刻的见解）、互联网软件工程师（构建未来）和大型跨国组织的首席架构师（过程很艰难，但收获很多）。

我认为，IT转型过程带有个人色彩是很自然的，因为架构工作本质上就带有某种个人色彩。就如现有的大师级建筑中，你一眼就能看出它们分别出自谁手：白盒子出自理查德·迈耶（Richard Meier）之手，不规则的曲线造型外观是弗兰克·盖里（Frank Gehry）的设计风格，像编织物一样交错关联的则是扎哈·哈迪德（Zaha Hadid）的杰作。同样，每位（首席）IT架构师都有自己的侧重点和风格，虽然并不像建筑设计风格那么明显，但都会反映在他们的架构成果中。

本书所收集的都是我个人对架构工作的深刻理解，我将它们一一提炼，这样你就能很容易地提取核心内容并广泛应用。架构师都是大忙人，因此我试图将我的理解打包，以便他们能随时随地轻松阅读。

给你讲故事

如果你正在寻找一个经过科学验证、可重复使用、用于实现技术组织转型的方法，那你可能要失望了。本书结构相对松散，若你只想获得成功秘诀，那可能会为不得不阅读书中轶事而恼火。

我特意将本书编排为故事集的形式，这是因为在愈发复杂难解的世界里，讲故事依然是最佳的授业解惑方法之一。研究表明，比起单纯的事实数据，人们更容易记住故事，而且貌似有证据表明，听故事有助于激发我们大脑的其他区域，帮助理解和记忆。亚里士多德早就指出，优秀的演讲不仅要包含**理法**，即事实和结构；也需要具有**人品**，即可信的品格；还需要**情感**，即引人共鸣的情绪。科学分析和故事的一个明显的区别就是后者能够激发情感。

作为架构师，组织转型的工作并不需要你记住事实数据，也不需要你亲自计算数学公式。你需要做的是让大家行动起来，所以你需要讲得一手好故事。你可以从直接使用本书中吸引人的口号（比如，“僵尸会吃掉你的脑仁!”）开始，然后把这些用到你自己的故事里。因为故事能吸引注意力和激发情感，所以它是召唤行动的绝佳方法。大家都知道电影情节是虚构的，演员的生死离别只是表演，但你是不是仍能看到有人在看电影时又哭又笑的场面？这就证明了故事的魅力。

为何是 37 件事

我曾经参与过 O’Reilly 两本畅销图书的撰写工作：《软件架构师应该知道的 97 件事》和《程序员应该知道的 97 件事》，本书的书名其实就是在模仿它们。7 是个很棒的数字，它的英文“seven”有两个音节，读起来很柔和。相比 37（thirty-seven），38（thirty-eight）读起来有些刺耳，而且会让某些人联想到子弹[①]。37 还是一个质数。最重要的是，构成 37 的两个数字（3 和 7）的差值（4）的平方是 16，而 37 本身和构成它的两位数字（3 和 7）的最小公倍数（21）之间的差值也是 16。37 是唯一一个和构成它的数字之间有这种关系的两位数，因此，37 绝对是个很特殊的数字！47 虽然也是个质数，但它念起来不好听，而且我确信自己所知的关于大型 IT 架构和转型的事也没有 57 件那么多，至少我没有足够的耐心把它们全都写下来。总而言之，言而总之，书名就是《架构师应该知道的 37 件事》。

我的写作动力

为什么要花时间写下这些文章和自己的见闻呢？这是因为，自从互联网普及后，写作的意义对我来说已经变了。当我和 Bobby 撰写《企业集成模式》时，我们主要的初衷就是和广大读者分享我们多年积累的经验。这也是本书的写作目的，但是现在在线存储丰富且成本低廉，而且可搜索性强，这让我有了另一个写作动机：让我自己也能更容易地找到自己写的东西。我感觉每当自己写出一句话，就能在大脑中腾出一些脑细胞来学习新知识。

① 0.38 英寸（1 英寸≈2.54 厘米）是一个经典的子弹口径尺寸。——译者注

Richard Guindon 有一句名言："写作是让我们知道自己的思考是多么草率的一种自然的方法。"（参见 3.2 节）这句话也隐含了这样的意思：写作能迫使你整理和磨砺自己的思想。这也正是我撰写本书所经历的过程：很多有关组织转型的想法已经在我的脑海中浮现了一段时间。开始的时候，我只是把其中的一些想法简单随意地记录在博客中。后来我花了些时间将它们关联起来，并在很多地方加入了自己的见解和上下文信息，这个过程给了我很大的满足感。最终，我把这些随想串联成了完整的故事。

为什么选择鱼作为英文版封面图片

选用动物图片作为技术书封面很常见，你可能想知道为什么我为本书英文版选择了鱼的照片。和往常一样，这是深思熟虑的结果，也是机缘巧合。这是一本相当有个人色彩的书，讲述的是我个人职业生涯中的点滴故事，所以我想从自己在旅行时所拍摄的照片中选择一张作为封面图片。日本是个环境秀美的国家，我曾在那里生活过几年，所以我开始在拍摄于日本的照片中挑选，最终这两条在长崎逆流而上的锦鲤吸引了我的目光。逆流而上也是对硅谷中公司转型过程的一个恰当的隐喻。

参与进来

如果你在书中发现了编校问题或错误[①]，或者想和大家讨论书中的内容，请加入本书的谷歌讨论群：

https://groups.google.com/group/37things

我也会在这个论坛中发布一些小更新。

致谢

很多人都或多或少为本书做过贡献，有些人和我在大厅里讨论过，有些人在开会时给我提过建议和意见，有些人认真审阅过本书，还有些人和我一起边喝啤酒边闲聊。如果我更谦逊点，可能会把书名改为"架构师学到的37件事"，但这个名字不够强而有力。很遗憾，我无法在这里感谢所有给过我建议和指导的人，但我想特别感谢 Michele Danieli 建设性的反馈、Matthias "Maze" Reik 仔细的校对、Andrew Lee 对很多错别字的纠正、很多同事和我正式或非正式的讨论。当然，还有 Kleines Genius 不厌其烦的支持。

① 中文版读者可访问本书图灵社区页面（https://www.ituring.com.cn/book/2014）提交勘误。——编者注

电子书

扫描如下二维码，即可购买本书中文版电子版。

目　录

IT 的 50 种形态

IT 产业的不同视角

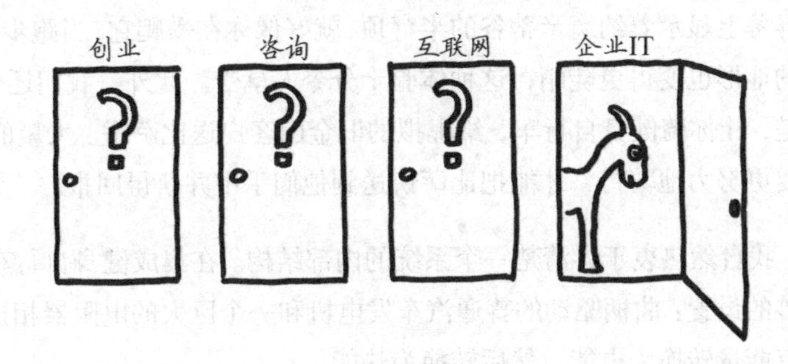

我们来做个交易

我曾经在好几个不同的文化环境里生活和工作过，先是在欧洲，接下来去了硅谷，后来又在东京待了大约 5 年，每一段时光我都很享受。我希望这些经历让我学会了德国人的坚忍不拔、美国人的积极主动、日本人的礼貌待人，或者至少学到这些优秀品质的一部分。亲身体验过多种文化后，我不仅能从多个角度看待问题，而且还能体会到诸如不认识交通标志和看不懂地图时的尴尬。除了体验过不同国家的多种文化，我还在拥有不同企业文化的公司里工作过。通过切换到一个全新的工作环境，“重启”职业生涯，能给自己带来新鲜的视角，也能让自己变得更为谦逊。

独立开发人员

在高中和大学时期，我曾作为独立的软件和硬件开发人员，开发了符合当时工业标准结构的 IBM 个人计算机总线卡（那个年代的计算机体积非常大，可以接入大量的扩展卡），这种卡可以用来采集数据和控制设备。相应的化学色谱法数值分析软件，则是我使用 Turbo Pascal 和 80287 协处理器的汇编码编写的。虽然一边学习一边在家工作，让我感觉不错，但最大的成就感依然来自于设计和构建产品的整个过程，即从硬件到用户界面，一直到最后的产品发布。很有意思的是，我在这个时期学到的大部分知识和积累的经验在20年后派上了用场，我给谷歌设计NFC硬件时、在家里通过树莓派[1]实现自动化时都用到了它们。虽然所有技术都在演进，但我依然很高兴看到一些早期掌握的技能可以继续发挥作用。

创业

在德国完成计算机科学专业的学习后，我利用德国学术交流中心提供的奖学金，前往美国斯坦福大学继续攻读硕士学位。毕业后，我和合伙人一同创办了名为 Transcape（后来更名为 Netpulse）的公司，研发带有多媒体功能的健身设备，再次结合了软硬件开发。

跑步机前的屏幕上显示着约塞米蒂谷的半穹顶，就好像你在攀爬它，当跑步机倾斜度增加时，你会看到屏幕上的地形也变得更陡峭，这种体验十分令人享受。此外，我们还引入了游戏元素，其中的一个概念是，让你骑健身自行车，给虚拟的旧金山客户送比萨饼。大量的订单来自于山顶上的住户，你需要更努力地骑行，才能把比萨饼送到他们手中并获得回报。

作为架构师，我自然热衷于弄清楚一个系统的内部结构。在集成健身自行车的软件时，我发现了一个非常巧妙的设置：曲柄驱动的普通汽车发电机和一个巨大的电阻器相连，这会先将踩脚踏板时产生的所有能量转换为电能，然后转换为热能。

可惜的是，我们的创业团队对健身俱乐部以及健身器材市场知之甚少。我们在20世纪90年代中期的多媒体风潮中创办的公司，恰好就在第一次互联网泡沫危机之前。这也意味着，我们必须通过发行光盘来分发软件和多媒体资源。这个行业已经在过去的20年里取得了长足发展：互联互通、软件分发、移动端用户界面以及服务器端基础设施已经变得微不足道。今天，你会通过蓝牙把健身器械和用户的智能手机相连，为用户提供一种运行在亚马逊云端的沉浸式社交体验。

后来，我在 Open Horizons 短暂参与过基于分布式计算环境的软件构建。遗憾的是，由于美国政府的签证限制[2]，我无法继续参与下去，但这很大程度上激起了我对分布式计算的兴趣。

IT 咨询

虽然我很享受创业的激情，但现实中的我也需要稳定的收入。后来，我决定加入一个系统集成公司，为美国加利福尼亚州构建大型的数据采集和审计系统。说实话，我不认为为政府工作特

① 树莓派是一种基于 ARM 的单板计算机。——译者注

② 美国政府对非美国公民参与高新科技项目做了一些限制。——译者注

别有趣，但在我和很多同事的记忆当中，那时候我们为之打拼的项目，是我们所参与过的最令人兴奋的项目。因为政府需要对纳税人负责，所以他们在合同里要求系统的交付要基于"效益"：供应商只能根据可度量的交付成果获得报酬，这就迫使我们提早交付成果，而不是沿用那种在最后时刻才一次性交付所有成果的瀑布开发流程。在20世纪90年代后期，这算是相当敏捷了。

让我们这群热情高涨但仍非常年轻的员工去交付如此关键和复杂的系统，显示了公司对我们的高度信任，我也因此喜欢上了咨询。虽然我们经常因为加班而在深夜叫外卖比萨饼，但也取得了很多突破和进展。咨询公司也非常清楚人才是他们最重要的资产，所以愿意花钱培训员工。当然，这些投资并不是不求回报的——毕竟员工越优秀，给公司赚的钱就越多——但最终各方都会受益，包括客户。虽然能力强的咨询人员的服务价格略高，但通常能够交付具有更高价值的成果。

我们都承认，从咨询公司"转入"大型IT公司时，作为顾问会有明显的优势。首先，一旦签署咨询服务合同，你就几乎不会陷入客户业务流程的泥潭，你可以用自己喜欢的便携式计算机，在任何地方、任何部门工作，也可以自由出差，等等。其次，你也不用整天出席业务会议，因为显而易见，你的时间成本很高。最后，因为你的职业发展是在咨询公司内部进行的，所以无须和客户组织中的其他人员竞争资源，这能让你在客户组织中保持中立，完成的工作也更值得信赖。反过来，作为组织内部人员，即从顾问变为大型企业的员工，你必须关注你给企业带来的影响确实对你的职业生涯有好处，因为你已脱离咨询公司，只能在企业谋求职业发展了。这是一个很容易犯的错误。

战略咨询五巨头

当我打算从系统集成公司离职，加入一家战略咨询公司[①]时，我的老板跟我开玩笑说，3个月后我还会回来，因为我肯定会被新公司开除。我的确缺乏管理顾问的经验，但时处千禧年互联网泡沫破裂前夕，超高速发展的互联网行业对技术人员有大量的需求，我因此得以渡过这个动荡时期。此外，我学会了如何快速制作幻灯片，这项技能让我受益终生。我非常喜欢同各种各样的客户合作，衔接技术方案和经营战略。我也从其他合伙人那里学到了很多，他们每个人实质上都经营着一家小企业。

使用不同供应商的产品，并给客户反复讲解概念，这些经历让我有机会将设计经验转化为模式并记录下来，最终形成《企业集成模式》一书。

顾问经常被嘲笑为借用客户的表来告诉他们几点钟的人。有意思的是，大多数雇用我们的客

---

① 作者工作的战略咨询公司是Deloitte Consulting，它是公认的战略咨询五巨头之一。——译者注

户要么找不着“表”，要么不清楚用哪块“表”，要么不知道如何用“表”，要么一直在“时区”上纠结。于是，解决“表”的问题成了对客户而言最有价值的事情之一。

互联网软件

离开战略咨询公司后，我加入了谷歌，这是我职业生涯中另一个看似不太可能的转型。之所以离开咨询公司，主要是因为频繁的出差让我身心俱疲。我真希望这种疲劳早在一年前就开始了，这样就可以赶在谷歌上市前加入。当时谷歌负责工程实施的副总裁是Alan Eustace，他总是时不时地提醒我们说，他鄙视咨询模式。在他看来，咨询就是纸上谈兵：顾问给出的建议听起来不错，但根本就不会有直接的产出和影响。我很庆幸自己能及时离开咨询业并加入了谷歌。

和其他很多互联网巨头一样，谷歌是一个令人惊叹的公司。在那里，工程师是国王，代码是核心，交付是关键。这是软件行业，所以最重要的就是交付可运行的软件。有些人认为，谷歌是开发人员的游乐场，他们可以为所欲为。但实际上，我发现谷歌非常喜欢竞争并且很自律：它从骨子里就是以结果为导向的公司，要为一个项目获得资金，必须首先证明你可以快速地交付出有价值的成果。谷歌对投资回报率（ROI）的期望也非常高，但是一旦证明或者相信项目的愿景，就会准备好投资。

企业IT

离开谷歌后，我加入了一家保险公司的IT部门。这次职业转变需要很大的勇气，主要是我非常想在谷歌之外实践我们在谷歌构建的用来变革传统业务的酷炫技术。我需要利用自己的咨询和技术能力，还要结合文化转型、组织工程以及**企业架构**，才能达成实践谷歌技术方案的目标。

众所周知，保险行业的发展速度并不快，但是这个领域正在发生巨变，这些变化让大型架构变得非常有意思：联网汽车本质上是带轮子的传感器，它催生了新的付费模式，比如现驾现付；**共享经济**减少了私有物品的数量，因而影响了保险业的收入；物联网让保险公司更加了解它们承保的“东西”，这有助于他们将理赔转变为无须索赔——如果没损坏，就不会有索赔发生，客户和保险公司都会更开心。技术也能让保险行业有机会在产品的整个生命周期内，设置更频繁和更明确的接触点，这是保险公司所面临的一个传统挑战。

企业IT部门是一个完全不同的工作环境：这里有更多的管理、更多的会议、更多的流程、更多的冲突以及过时的技术（还有人在用黑莓手机吗？）。但是，这里在创新上的投入也很大，因为保险公司相信，如果不进行IT转型，不进行有技术支持的创新，保险行业将无法继续取得成功。这是我第一次站在客户的角度看待顾问，我开始有点认同 Alan 的观点了：顾问作为很好的资源，可以为客户提供他们从其他客户处得到的技能和经验，但他们不能替代企业内部的 IT 人员（参见 5.6 节）。

下一步去哪儿

前面列举了我看待 IT 的不同角度，有人应该想知道我是否还会在自己的履历上增加新角色。我的很多朋友都转向了学术界。然而，我没有博士学位，这可是很多学术职位的前提条件。我很羡慕学术界的人士，他们能够长时间研究一个课题，还能自由安排自己的工作，唯一需要留心的就是不要变得太“学术化”。虽然独立顾问这个工作对学位没有要求，而且有一定的自由度，但可能会缺乏重点。况且现在 IT 转型有很多工作要做，所以我不着急再次转型。

这个故事到底要表达什么？告诉大家我朝三暮四？也许吧。这个故事也告诉我们，每个不同的模型都有自己的优势和机遇。能从不同角度看待 IT 是非常宝贵的体验。比如，你可以学到人们如何以不同的方式交流和思考：企业 IT 人员总是在满足他人的需求，顾问无须费力就可以对问题剥茧抽丝，而谷歌内部没有人使用诸如“大数据”“云”或者“面向服务架构”等时髦术语，因为谷歌早在这些术语问世之前就已构建好了它们。相反，顾问非常喜欢使用时髦术语，但只要他们能把这些术语转化为客户的解决方案就行。

我想一个人可以像创业者那样有创新思维，像管理顾问那样制作幻灯片，像互联网工程师那样编写代码，还能像企业 IT 人员那样有政治技能。我会努力成为这样的人。

所以，其实 IT 并非真的有 50 种形态。有时候为了构思有吸引力的标题，需要稍稍夸大一下事实。

第 1 章
架构师

是企业的负担还是救星

在企业 IT 环境里，架构师的工作既令人兴奋，又富有挑战性。很多管理人员和技术人员都认为架构师拿的报酬太高，认为他们活在象牙塔里，脱离实际，只知道用幻灯片和大幅海报来把自己的想法强加给公司里的其他人。此外，他们还会追求一些无关紧要的理想，从而导致做出糟糕的决策，使项目无法按时间表进行。

尽管如此，IT 架构师近年来却变成最炙手可热的 IT 专业人士之一，因为传统企业迫于压力，需要将企业 IT 部门从单纯的成本中心转变为业务驱动者。这是个好消息，但企业对架构师的期望很高：他们希望架构师能在上午解决突发的性能问题，下午还能继续推动企业文化的转型。与此形成鲜明对比的是，很多数字化企业巨头拥有世界级的软件和系统架构，但根本没有架构师。IT 架构师的时日屈指可数了吗？

架构师不是什么

有时候，和明确定义某个事物是什么相比，定义它不是什么更容易。通过这个方法，我发现架构师经常扮演下面 4 种角色，而这些角色要做的事情根本就不是架构师的职责。

消防员：很多管理人员都期望，架构师能随时分析并解决任何突发的危机，因为他们对当前系统有足够全面的了解。然而，架构师不应该无视产品的问题，因为这些问题很可能反映出架构上的设计缺陷。但是时刻都在忙着“救火”的架构师根本就没有时间去做真正的架构。架构设计需要思考，只给 30 分钟肯定无法完成。

资深开发人员：开发人员常常觉得他们需要把架构师这个角色作为其职业生涯（和薪资水平）的下一个目标。但是，成为架构师和成为明星工程师完全是两条不同的路线，两者没有高低之分。架构师需要有更广的知识面，包括组织和战略方面的能力，工程师则需要专攻可运行软件的交付。

理想情况下，大型组织的首席IT架构师和资深开发人员的关系都很好。

项目经理：架构师必须能够并行处理多个不同但相关的主题，他们在做决策时也需要考虑项目时间表、人员配备以及所需技能。因此，上层管理者经常会通过架构师获取有关项目的信息和决策，尤其是在项目经理忙于**准备项目状态报告模板**的时候。这会让架构师陷于更糟糕的境地，因为虽然为管理层提供项目信息和决策也是有价值的工作，但它毕竟不是架构师的主要职责。

科学家：架构师要才思敏捷，要能够**从系统和模型的角度进行思考**，还需要为具体项目和业务计划制定决策。这常常将**首席架构师**的角色与**首席科学家**的角色区分开来，尽管这两个角色的界限很模糊——我知道一些首席科学家就是喜欢亲力亲为。我个人更喜欢**首席工程师**这个头衔，它强调了架构师除了撰写文档外还需要做其他事情。最后，科学家常常把事物理论化和复杂化，而架构师的工作则是**化繁为简**。

衡量架构师的价值

曾经有人问我用什么关键业绩指标（KPI）来衡量自己作为架构师的价值。他们觉得应该是做出决策的数量。这个提议让我有些惊讶，我确信这不是我要寻求的KPI。做出决策固然重要，但必须要避免做出不可逆的重大决策，在这一点上我十分认同Martin Fowler的观点："架构师最重要的任务之一就是消除软件设计中那些不可逆的决策。"

在别人问我作为架构师的价值时，我有两个"标准"答案。首先，我会解释说，如果我们的系统在5年后还能良好运行，并且依然可以承受合理水平的变更，那么我的工作就做得很好。如果大家希望我更具体地描述一下我的工作，我会解释说企业里资深架构师的工作分为以下3个层面。

- 定义**IT战略**，比如，定义系统（无论是打算自己构建还是从外部购买）的必要IT特性，或者识别为了支撑业务战略还需要补充到现有IT配置组合中的组件。战略也包括"退休"系统（电影《银翼杀手》中的特色词语）以免你**被僵尸系统包围**。
- 落实对IT蓝图的**管控**，以实现协调一致，降低复杂度，以及确保所有系统集成为一个有效整体。架构评审委员会需要**自始至终**担起管控的责任。
- 脚踏实地地关注**项目**的实际情况，从实际项目实施中获得有关决策的反馈。否则，**控制依然是假象**。

架构师是变革促进者

架构师是大型企业IT转型中至关重要的一员。为此，他们必须具备一系列特殊的技能：

- 能够通过乘坐架构师电梯上下，与组织中的不同层级合作；
- 具备著名电影角色的一些特点，尽管有不止一种角色模型；
- 明白自己在企业中的位置；
- 具备专业技能，但这只是架构师立足的“三条腿”之一；
- 是优秀的决策者；
- 刨根问底以找到问题的根源。

1.1　架构师电梯

在顶层套间和发动机房之间往返

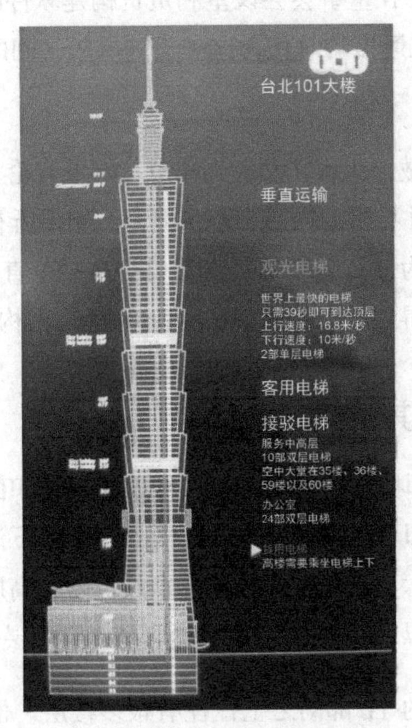

高楼需要乘坐电梯上下

1.1.1　缺失的一环

架构师所扮演的承上启下的角色非常关键，尤其是在大型组织里，部门之间业务语言不同、观点不同、目标不同甚至冲突。而很多管理层在企业内部的沟通中还大玩“电话游戏”①，让沟通问题变得更加严重。最糟糕的情况是，掌握相关信息或专业技能的人没有权力做出决策，而决策者却缺乏相关信息。这对于企业 IT 部门来说不是个好兆头，特别是在当前这个技术已经成为大多数业务驱动力的时代。

1.1.2　架构师电梯

在大型企业里，架构师能填补一项重要的空白：他们既能在项目上和技术人员密切地工作和

① 电话游戏里，小孩们围成一圈，逐个向下传递从上个小朋友听到的消息。当消息返回第一个说出消息的小孩时，他们会发现消息在传递一圈后完全改变了。

沟通，也能在**不丢失信息本意**的前提下，向上层管理者传达和解释技术主题。换句话说，架构师能理解公司的经营战略，并且能将其转化为技术决策。

如果把组织内的不同层级看作大楼的不同楼层，架构师就能乘坐我所说的**架构师电梯**：在大型企业里，他们搭乘这种电梯，在董事会会议室和负责构建软件的**发动机房**（工程师团队）之间往返。在IT快速变革和数字化颠覆的时代，这种不同层级之间的直接联系已经变得前所未有地重要了。

我们再用大型船舶的场景做个比喻。大家都知道，如果油轮上的舰桥发现了障碍物，为了调转船头，游轮需要反转发动机并且尽力向右转舵。但是，如果所有发动机实际上都在全速向前运转，灾难迟早会发生。这就是为什么老旧的蒸汽船也会有一个直接连接船长室和锅炉房的管道，这样船长就能直接发号施令并得到及时反馈。在大型企业里，架构师就必须扮演这个管道的角色。

1.1.3 有些组织的层级比其他组织要多

回到楼层的比喻上，架构师搭乘电梯上下几层楼取决于组织的类型。扁平的组织结构可能根本不需要电梯，只需几阶楼梯即可。这也意味着架构师这个上下沟通的角色不是很重要了：如果管理层能敏锐地了解必要的技术实现细节，并且技术人员能与高层管理者直接沟通，就不需要那么多的“企业”架构师了。可以说，数字化公司就像是一座单层平房，压根就不需要电梯。

然而，大型组织里，典型的IT部门之上往往有很多楼层。他们位于高耸的摩天大楼里，因此，单部架构师电梯可能无法直达所有楼层。这种情况下，技术架构师和企业架构师可以在中间的楼层会面，各自覆盖“一半”楼层。这种场景里，架构师的价值不应该按照他访问的楼层高度来衡量，而应该根据他们覆盖的楼层数目衡量。大型组织中，一个常见的错误是，住在顶层豪华套间里的管理者只看见并重视位于楼层上半部分的架构师。相反，很多开发人员或者技术架构师都认为所谓的“企业”架构师没多大作用，因为他们压根就不写代码。在某些情况下，这可能是真的，这样的架构师往往很享受在上半部分楼层的惬意生活，因此没有意愿再搭乘电梯前往下半部分楼层。但是，经常前往下半部分楼层和技术架构师分享战略愿景的“企业”架构师还是有重要价值的。

1.1.4 不是单行道

你肯定会遇到搭乘电梯到顶层后就再没下来的家伙。他们非常享受从顶层豪华套间往下看的美景，而且觉得自己辛苦工作不是为了继续去脏兮兮的发动机房。你经常会听到这些家伙说：“我过去可是搞技术的。"听到他们这样说，我会情不自禁地反驳："我曾经还是经理呢！"（这是事实）或者"你们为什么不接着做了呢？是不是做得不好？"如果你想反驳得更委婉一些（并且更富有深度），可以参考 Fritz Lang 的电影《大都会》。在这部电影里，顶层豪华套间和发动机房之间的隔阂几乎彻底地毁灭了整个城市，后来人们才认识到"头和手之间需要一个调停者"。任何情况下，电梯都是用来在楼层间上下往返的。顶层人士享受着山珍海味，而底层劳动者却奄奄一息，这显然不是企业 IT 转型的正确方式。

乘坐电梯上下对架构师而言也是一个很重要的机制，他们可以获取别人对决策的反馈，并理解这些决策的实现结果。过长的项目实现周期无法提供好的**学习循环**，会导致出现**架构师的夙愿，开发者的梦魇**这样的场景。允许架构师只在高层享受美好风光，一定会导致**有权无责**，这是一种遭人唾弃的反模式。只有架构师必须承受或至少观察他们决策的后果，才能打破这种模式。为此，他们必须不断地搭乘电梯上下奔波。

1.1.5　高速电梯

过去，IT 决策和经营战略几乎没有关系：IT 只被看作附加品，它的主要参数（或 KPI）是**成本**。因此，由于新信息稀少，搭乘电梯上下并不是很关键。但是，如今的业务目标和技术选择之间的联系已经变得越来越直接了，即使对"传统"的业务也一样。比如，想要通过更快地将产品投放市场来应对竞争压力，就需要灵活的云计算方式，而这又需要支持横向扩展的无状态应用程序。要获得客户渠道相关的内容，就需要分析模型，而优化模型则需要通过 Hadoop 集群收集大量的数据，但是 Hadoop 适合使用本地磁盘存储而不是共享的网络存储。用一两句话，就将业务需求转换成了应用程序和基础设施设计，这一事实凸显了架构师搭乘电梯上下沟通的必要性。而且，他们必须搭乘更快的电梯，这样才可以跟上业务和 IT 交织发展的节奏。

在传统的 IT 部门，较低的楼层可以仅供**外部顾问**使用，这样企业架构师就不必处理方案具体落地的事宜。然而，这样只聚焦在效率上，而忽略了**速度经济**[①]，在技术快速变革的时代，这是一种糟糕的选择。长期处于这种环境中的架构师必须扩展其角色职责，不能只是全盘接收供应商的技术路线图，而是要主动地定义它。为此，他们必须要形成自己的 **IT 世界观**。

1.1.6　其他乘客

作为成功的架构师，当你搭乘电梯上下往返时，可以能会遇到其他一些乘客与你同行。比如，你可会能遇到一些业务人员或非技术人员，他们明白深入地理解 IT 对业务发展至关重要。对这

---

① 速度经济是指企业因为快速满足顾客的各种需求而带来超额利润的经济。——译者注

些人友善些，带他们到处看看。让他们参与到对话中，可以让你更好地理解业务需求和目标。此外，他们还可能会带你前往你从未去过的更高的楼层。

你还可能遇到另外一些人，他们乘坐电梯下楼只是为了“索要”时髦用语，以便到顶层豪华套间卖弄自己的想法。我们不把这些人称作架构师。搭乘电梯却很少出来的人通常会被称为**电梯服务生**。受益于顶层人士的无知，这些人可以追求到一种从不真正接触实际技术的所谓的“技术”职业生涯。你也可以尝试去改变一些人，让他们真的对发动机房的真实运作细节感兴趣。但是，如果尝试不成功，你最好保持沉默，比如，一直看着电梯天花板以避免和这些人发生眼神接触。等到和高管同乘一梯时再进行“电梯游说”，而不要和普通传话人浪费唇舌。

1.1.7 搭乘电梯的危险

你可能以为雇主肯定非常欣赏搭乘电梯上下忙忙碌碌的架构师。毕竟，架构师能给那些希望通过 IT 转型在数字时代获得更强竞争力的企业带来很大的价值。令人惊讶的是，这些架构师可能会遇到意想不到的阻力。顶层豪华套间里的决策层和底层发动机房里的实施团队可能都会对彼此“失联”的现状很满意：公司领导层看到的是数字化转型进展顺利的假象，而发动机房里的员工则可以不管业务需求，随心所欲地“摆弄”新技术。这样的情景就像是一艘巨轮全速撞向前面的冰山。当领导层意识到现状时，很可能为时已晚。有时候，我会把这样的组织结构比喻为顶层和底部并非垂直对齐的比萨斜塔，在这种倾斜的建筑里搭乘电梯上下肯定更有挑战性。

当架构师步入这样的环境时，必须在搭乘电梯时准备好面对来自高层和底层的双向阻力。我就曾经被“发动机房”的员工们批评过，他们嫌我违背开发人员的意愿单方面推行公司计划，同时，企业的领导层又批评我单纯为了乐趣而尝试新的技术方案。做一名改革者很难，特别是当系统抗拒改变的时候。一种非常好的策略是，从一开始就小心翼翼地把各个层级连接起来，然后等待合适的时机向大家分享信息。比如，你可以向管理层解释发动机房里的员工们的工作有多棒，这可以让管理层进一步了解和认可他们，同时你也有机会获取更详细的技术信息。

其他对你搭乘电梯上下忙碌不满的企业人员是中间楼层的占有者：他们看见你总是在决策层和发动机房之间往返，感觉自己被无视了。我把这称为欣赏的“沙漏”曲线：高层管理者把你看作转型的关键推动者，而发动机房的员工也很开心有人真的理解和欣赏他们的工作，但中间层的员工则把你视为威胁，你害他们无法负担子女的教育支出，无法购买山景房。这是一件很微妙的事情。有些人主动在半路上拦你：他们会在每一层拦停电梯并要求你给个解释，如此这般，搭乘电梯还不如爬楼梯快。

1.1.8 将大楼扁平化

与其无休止地搭乘电梯上下，何不直接消除那些不必要的楼层呢？毕竟，你试图与之竞争的数字化公司并没有这么多楼层。不幸的是，除非将整栋楼炸成一堆瓦砾，否则你根本无法让这些楼层消失。无论如何，消除中间楼层的那些人也不现实，因为他们往往是组织和 IT 蓝图信息的主要持有者，特别是在幕后还有一个大黑市的时候。

将大楼逐步扁平化也许是个合理的长远战略，但这需要改动企业文化的根基，因而会耗费太长的时间。除此之外，还需要改变或消除中间楼层员工的角色，而这势必会遭到强烈的抵抗。所以，这不是一场架构师能打赢的仗。不过，架构师可以逐步瓦解阻力，比如，让顶层管理者对来自发动机房的信息感兴趣，提供更快的反馈回路，以及减少中层管理者做状态更新汇报的次数。

1.2 电影明星架构师

企业架构师的 4 个角色

架构师名人堂

除了搭乘电梯上下外，架构师还需要做些什么？让我们试着用另一个比喻来解释：电影明星。

通常在电影正式开始播放前，你会看到一些商业广告或短片。这里要说的是一个有关“架构师”这个词起源的短片：它派生自希腊语单词 ἀρχιτέκτων，简单翻译过来就是“首席建筑师”。记住，这个单词就是指那些建造房屋和结构的人，而不是构建 IT 系统的人。我们应该注意到这个单词隐含的意思是“构建者”，而不是“设计者”——架构师应该是真正参与构建的人，而不是只画些漂亮图纸的人。人们也期望架构师技艺精湛，这样才配得上“大师”这个标签。下面我们进入正题……

1.2.1 黑客帝国——规划大师

如果让技术宅给出电影中经典架构师的名字，你很可能会听到他们提到电影《黑客帝国》三部曲。黑客帝国的架构师是一个“冷酷、毫无幽默感、身着浅灰色西装的白发男人”（参见维基百科），这个人实际上就是一个计算机程序。维基百科里也描述说，这个架构师“长话连篇但头头是道”，这也是很多 IT 架构师的讲话方式。所以，也许这个类比挺贴切？

黑客帝国架构师同时也有最终的决定权：他设计了黑客帝国（一个用来模拟现实的计算机程序，人类在其中被机器作为能量源圈养）并且知晓和掌控其中的一切。企业架构师有时候也会被看成这种人——无所不知的决策者。有些架构师甚至希望自己能成为这样的人，因为无所不知会让自己的工作有条不紊，还会为自己赢得更多的尊重。当然，这种角色模型也有一些问题：无所不知对人类来说几乎是不可能的，这也意味着，我们会不可避免地看到一些糟糕的决策和其他各种问题。即使架构师超级聪明，他也只能基于自己了解的事实做出决策。在大型企业里，这就意味着要依赖来自中间管理层的幻灯片报告或陈述，因为无论你多么频繁地**搭乘电梯**前往发动机房，都不可能接触到所有可用的技术。这个通往最高决策者的信息渠道往往会被某些人严密保护起来，因为他们会意识到该渠道是个很有影响力的信息传达手段，因此，架构师往往间接收到信息，而且信息经常有偏差。所以说，基于这个角色模型做决策是很危险的。

总而言之，企业 IT 不是电影，它的作用不是为了给被当作能量源圈养的人类创建幻象。我们应该警惕这种角色模型。

很有意思的是，现实中的 Vint Cerf，作为互联网的主要架构师之一，和黑客帝国架构师极其相似。考虑到 Vint 设计了我们所处的黑客帝国（互联网）的很多部分，因此，这也许并不是单纯的巧合。

1.2.2　剪刀手爱德华——园丁

对于企业架构师，园丁是一个更加贴合的比喻。我喜欢把企业架构师比作电影《剪刀手爱德华》（我最喜欢的电影之一）中的园丁。大型 IT 部门像是一个花园：各种植物按照各自的方式生长，其中杂草总是长得最快。园丁需要修剪那些长得太快或者凸出的部分，保持整个花园的平衡与和谐，同时考虑到各种植物的具体需求——比如，喜阴植物应该种植在大树或灌木丛旁——这些都是园丁的职责。好的园丁不会一意孤行，也不会去决定像青草应该朝哪个方向生长这样的细节——日本园丁可能是个例外。更准确地说，园丁把自己看作生态系统的守护者。有些园丁，像爱德华，已经成为了真正的艺术家。

我之所以喜欢这个比喻，是因为它很贴切。复杂的企业 IT 部门是个有机体，因此优秀的架构师都有很好的平衡意识，这也是好园丁所具备的素质。使用除草剂进行自顶而下的治理不可能产生持久的效果，而且通常弊大于利。这样的思考是不是能使《秩序的本质》这本书得到新的应用，我还不确定。我想自己应该先读读这本书。

1.2.3　粉身碎骨——导游

ThoughtWorks 的欧洲技术主管 Erik Dörnenburg 给我介绍了另外一个非常恰当的比喻。Erik 密切参与过很多的软件项目，他非常讨厌那些表面上无所不知，实际上专断独行又脱离实际的架构师。Erik甚至还创造了一个术语：**无架构师架构**。这可能会让一些架构师担心自己的职业生涯。

Erik把架构师比作导游。导游去过某个地方很多次，能讲关于这个地方的好故事，还能热心地引导游客注意重要事项，避免无谓的风险。旅游业有条行规是，导游不能强迫游客采纳他们的建议，当然，那些敢把一车游客丢在荒无人烟的黑店的导游除外。

导游类型的架构师必须"运用自己的影响力来引导他人"，也就是说，他们必须有真材实料才能赢得尊重。导游需要和游客一路同行，而不能像某些咨询架构师那样只给游客提供一份地图。但导游类型的架构师通常依赖于管理层的强大支持，因为没有明确的证据能够证明是他的指导带来了好的结果。在纯粹的"业务驱动"环境下，这会限制"导游"架构师自身的影响力或职业生涯。

《粉身碎骨》，这部1971年上映的公路电影，也是我最喜欢的电影之一。其中的角色盲人DJ Super Soul是一个不同寻常的导游。像很多IT项目一样，这部电影的主角Kowalski踏上了一场死亡之旅，沿途障碍重重，他很难在约定时间内完成任务。不同的是，Kowalski要交付的不是代码，而是要在15小时内把一辆1970年生产的道奇挑战者R/T 440 Magnum从丹佛开到旧金山。Kowalski由Super Soul引导，后者利用警察网络获取关键信息，就好像架构师接入管理网络一样。一路上，Super Soul追踪着Kowalski的进展，并为他清除警察（即管理层）设置的各种陷阱。然而，在Super Soul向"管理层"妥协后，交付道奇车这个"项目"就变成了无头苍蝇，最终像很多IT项目一样功亏一篑。

1.2.4 绿野仙踪——魔法师

架构师有时候会被看作可以解决任何技术难题的魔法师。虽然这可以作为一个短期的自我吹捧，但不是一个合适的工作描述，也不是一个为之奋斗的合理目标。这里所说的"魔法师"并不是指那种挥动魔法棒的真正魔法师，而是电影《绿野仙踪》里那个"强大的奥兹"—— 一个看起来很强大的投影，但实际上只不过是由一个人类"魔法师"控制的，而人类魔法师只是通过大型机械来制造魔术效果并以此赢得尊重的普通人。

在那些"普通"开发人员很少参与管理层讨论和重大决策的大型组织里，这种精心设计的欺骗可以起到一定的作用。这种情境下，"架构师"这个头衔可以让开发人员显得更加"了不起"：这种放大的投影效果能够赢得企业普通人员的尊重，甚至可以成为搭乘电梯前往顶层的前提条件。这是欺骗吗？我会说"不是"，只要你不要过于迷恋这种魔幻效果而忘记自己作为开发人员的技术根基就行。

1.2.5 超级英雄还是强力胶

和魔法师类似，对架构师的另一个期望就是超级英雄：如果你相信某些职位描述，那么企业架构师是这样的：能易如反掌地让公司进入数字时代，能够解决任何技术问题，并且总是对最新技术了如指掌。要达到这些期望很难，所以我要提醒所有架构师，不要对这些常见的误解信以为真。

英特尔公司的 Amir Shenhav 恰当地指出：我们需要的是“强力胶”架构师，而不是超级英雄。“强力胶”架构师既懂得架构，又了解技术细节，还明白业务需求，而且能将大型组织和复杂项目中的人员团结起来。我喜欢这个比喻，因为它类似于把架构师比作催化剂。只不过，我们必须小心一些：强力胶或者催化剂，意味着你要相当了解要去“黏合”的东西。架构师不单单是个牵线搭桥的角色。

1.2.6 做决定

究竟要做哪种类型的架构师呢？除了上述架构师类型，还有更多的架构师类型以及可类比的电影角色。你可以像电影《盗梦空间》里那样，通过（危险的）意识潜入来创建架构的理想世界；或者像电影《我为玛丽狂》里的两个骗子那样就智利建筑争辩不休；抑或像乌托邦剧《摩天大楼》中的（令人毛骨悚然的）Anthony Royal 那样制定规则。总之，你可以选择的架构类型有很多。

最终，大多数架构师是这些经典形象的结合体，有时是强力胶，有时是园丁，有时又是导游，有时又展现出一种无所不知的高大形象。按照需要扮演不同的角色，就可以成为一个优秀的架构师。

1.3 企业架构师与企业里的架构师

象牙塔里的上下层

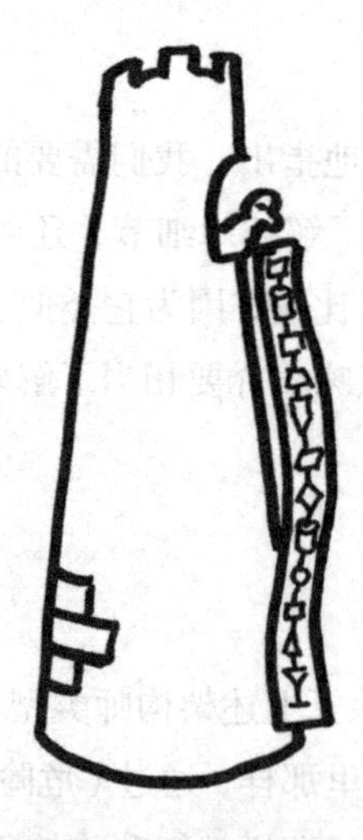

出自象牙塔的架构

当我被聘为企业架构师时——更准确的头衔是**企业架构主管**（Head of Enterprise Architecture），我还不太清楚**企业架构师**到底需要承担什么责任。我也想知道，如果我是企业架构的“头”（Head），我的团队是不是就应该被称为**企业架构的脚**①，但团队成员并不喜欢这个称谓。现在，这种加上“主管”后缀的头衔很流行。下面是我偶然在某个在线论坛看到的对这种现象的恰当解释。

> 这个头衔通常表示候选人本想成为总监、副总裁或者执行官，但是组织不允许再增加这些岗位的人员数量了。通过授予这种模棱两可的头衔，在组织外部看来，候选人已经处于较高的级别，但在组织内部，候选人并没有获得相应的权力配备。

我特别不喜欢“某某主管”之类的头衔，因为它强调的是带领团队，而不是实现具体的职能。我更愿意用一个岗位要达成的目标来命名它，并且要体现出履行该职能需要团队支持。幸运的是，我现在是个“首席”，不再是个“主管”了，用一个在政治上不那么正确的比喻来说，当我还是个“主管”时，偶尔会以“打哈哈”的官僚方式和人打招呼。

---

① 用来讽刺头衔设置得不合理。——译者注

抛开所有的头衔后缀不提，当 IT 人员遇到**企业架构师**时，他们最初的反应是要把这个人放到**顶层豪华套间**去，在那里，他们可以绘制漂亮却没什么实际作用的架构图。因此，要想受到 IT 人员的热情欢迎，就应该慎用**企业架构**这样的标签。然而，又该如何称呼那些完成企业级架构工作的架构师呢？

1.3.1 企业架构

“企业架构师”这个称谓的问题是，它既可以描述一个构建整个企业架构（包括业务策略层级）的人，又可以描述一个在企业层级（比如，相对于部门的架构）构建 IT 架构的人。

为了消除歧义，我们来看看书上的定义。Jeanne Ross 和 Peter Weill 的《企业架构战略》一书是这样定义企业架构的：

> 企业架构是业务流程和 IT 基础设施的组织逻辑，二者共同反映了企业运营模式的集成和标准化需求。

按照这个定义，**企业架构**不止包含 IT 职能，也需要考虑业务流程，后者是企业运营模型的一部分。实际上，这本书中最为人熟知的是一张四象限图，这张图用不同水平的流程标准化（各业务线一致）和流程集成（数据共享和流程互连），描述了业务运营模型。通过给出每个象限的行业实例，该图把每个模型映射到相应的 IT 架构策略。比如，如果业务运营模型是高度多样化的业务单元之一，且共享客户很少，那么数据和流程集成程序可能没有什么价值。这种情况下，IT 部门应该致力于提供公共基础设施，然后每个部门都可以在其基础上实现自己特有的流程。这个象限图完美地揭示了业务和 IT 架构必须保持一致才能为业务提供价值。

1.3.2 业务和 IT 是平等的

无论如何，我认为把 IT 跟业务剥离是有问题的。我喜欢开玩笑说，在公司所有业务信息系统运行在计算机上之前，也没看见单独在“纸”上的部门啊。在数字化公司，IT 就是业务，业务就是 IT——二者不可分割。因此，我认为企业架构应该定义如下：

> 企业架构是业务和 IT 架构之间的黏合剂。

这个定义意味着共有两个“企业级别”的架构，一个是**业务架构**，另一个是 **IT 架构**。虽然两者的侧重点稍有不同，但需要紧密配合。比如，业务架构定义公司的运营模型，而 IT 架构则构建相应的 IT 能力。如果两者能够无缝合作、齐头并进，就不需要其他东西了。如果它们没能紧密联系，就需要企业架构部门来把两者协调联系起来。这就好像新加了一部中层电梯，它可以把顶楼豪华套间的管理决策层和底部发动机房的开发人员联系起来，因为已有的电梯无法直接把大楼顶部和底部连通起来。这种企业架构部门的长远目标必须是淘汰自己，或者至少让自己的规模变小。

我认为这是期望的状态，因为它能平等对待 IT 架构和业务架构。虽然在企业中支持业务依然是所有职能的目标，但只把 IT 看作以尽可能低成本管理商品资源的简单命令执行者的时代已经结束了。在数字时代，IT 已成为一种竞争力，并且能带来机遇，而不是像电一样的简单必需品。这种改变必须要反映在架构职能的建设中：业务驱动 IT，但是 IT 也能驱动新的业务。

这个模型需要业务架构和 IT 架构一样成熟，要做到这一点是有一定难度的，因为业务架构是一个比 IT 架构更新、更不明确的领域。这也体现在商界中架构化思考（比如，合理的**系统化思考**）的不足上，这可能是因为相关课程在这一点上强调得不够。因此，作为一个成功的首席架构师，你还需要帮助组织强化业务架构。

1.3.3 企业里的架构师

我的定义也意味着，至少某些架构师是在企业范围内工作的。我在谈到“企业架构师”或“IT 架构师”时，指的就是这些人。他们通常是技术人员，已经学会**搭乘电梯**前往上半部楼层和管理层以及业务架构师打交道。他们就是本书的主要读者，也是 IT 转型中的关键元素。

那么，“企业级架构师”和“普通的”IT 架构师有什么区别呢？首先，企业级架构师要处理的所有事项规模都更大。很多大型企业都是拥有不同业务单元和部门的企业集团，其中每个业务单元和部门都有着数十亿美元级别的业务和特有的业务模型。因为规模变大了，所以你会发现更多的遗留物——业务会随着时间推移或通过并购增长，而这两种情况都会产生遗留物。这种遗留物不只局限于系统中，也存在于人们的观念和工作方式中。因此，企业级架构师必须能够**引导组织并处理其中复杂的政治局势**。

1.3.4 哪些楼层

传统的企业架构通常被搁置在象牙塔里，而且被认为没什么价值。导致这种情况的一个原因是反馈周期过长：评判某人是否完成了优秀的企业架构经常比评判优秀的 IT 架构需要更长的时间。因此，企业架构部门会成为一些人的藏身之地，这些人只想成为象牙塔里的绘图员，而不是为公司打造业务并创造价值的真正架构师。这就是为什么企业架构师需要**展现影响力**，比如，维护一幅精准又详细的 **IT 世界地图**。这幅地图不能是那种典型的"职能地图"，它必须要**包含真正有用的信息**。

如果企业认真对待架构，它会为企业的所有层级提供重大价值。这让我想起了 1977 年由 Charles 和 Ray Eames 为 IBM 制作的短片《10 的次方》。该短片把芝加哥的一份野餐每 10 秒缩小一级，一直缩小到 10 的 24 次方，此时，大家看到了无数个星系。随后，它又把同样的野餐每 10 秒放大一级，一直放大到 10 的负 18 次方，此时，大家看到的是**夸克**的世界。有趣的是，这两种视角看待同一个事物的结果并没有太大的不同。我觉得在更大的企业中也是如此：从远处看到的复杂度与从近处看到的是类似的。它几乎就像个分形结构：你越放大或越缩小，它看起来就越相同。因此，完成重大的企业架构和修复一个 Java 并发缺陷的复杂度和价值是一样的。但这需要企业架构师从顶楼象牙塔里走出来，至少搭乘电梯下几层楼，去完成有实际价值的工作。

1.4 架构师用三条腿立足

架构师需要横向扩展

三脚凳不会摇晃

IT架构师是做什么的呢？答案是，IT架构师是打造IT架构的人。这就需要定义**架构是什么**。假设我们知道这个答案，那么一个优秀的架构师在经过多年的成功后会成为什么？在顶楼豪华套间中占有一席之地？希望不是。成为首席技术官？这是个不错的选择。或者依然是一个（资深的）架构师？这也是很多著名的建筑大师所做的。然而，我们需要明白初级和高级IT架构师的区别在哪里。

1.4.1 技能、影响力、领导力

当被问到资深架构师具有哪些特征时，我会使用下面这个简单的框架，而且相信它也适于大多数高端职业。一个成功的架构师必须有“三条腿”才能立足。

(1) **技能**是实践架构的基础。它需要知识以及应用知识的能力。

(2) **影响力**用来衡量架构师在项目中应用技能后能给项目或公司带来多大的效益。

(3) **领导力**确保了架构实践的状态能稳步向前推进，同时培养更多的架构师。

这个分类也可以很好地应用于其他专业领域，比如医学：医生在学习并获得技能后，开始实践并治疗病患，然后再通过在医学期刊上发布经验成果，把自身所学传授给下一代医生。

1. 技能

技能是应用相关知识的能力，比如关于特定技术（如Docker）或架构（如云架构）的知识。知识通常可以通过上课、读书或者研读在线材料等方式获取。大多数（不是所有）认证重点考核知识，部分原因是知识点很容易以一组多选题的方式呈现在试卷上。知识就像是一组装满了工具的抽屉柜，技能则意味着知道何时打开哪个抽屉以及使用哪个工具。

2. 影响力

影响力是通过架构实践给业务带来的效益来度量的，通常是指增加的利润或者降低的成本。更快地将产品推向市场，或者在产品周期的后期无须做很大改动就可以适配那些无法预见的需求，这些都能够增加收益，因此都可以算作影响力。对于架构师而言，专注于提升影响力是个很好的锻炼，这样可以避免他们陷入只有幻灯片的虚幻世界。当我和同事谈论优秀架构师有什么特点时，我们经常都把**理智、自律的决策能力**看作从“技能”向“影响力”转化的一个关键因素。但是，这并不意味着优秀的决策者就可以成为优秀的架构师。你依然需要具备扎实的技能基础。

3. 领导力

有领导力要求经验丰富的架构师不能只局限于做本职架构工作。比如，他们应该通过传授知识和经验来指导初级架构师，还应该通过出版著作、公开授课、公开演讲、发布研究成果或者撰写博客等方式，促进所在领域的整体发展。

1.4.2 良性循环

虽然这个模型相当简单，但就像只有两条腿的凳子站不稳一样，平衡技能、影响力、领导力这三方面非常重要。作为学生或学徒的新生代架构师只具备技能却没有影响力，但是，他们迟早会通过实践获得影响力。无法产生影响的架构师在任何盈利性业务中都没有立足之地。

早早就加入项目的方案架构师通常只具备影响力却没有领导力。然而，没有领导力的架构师一定会遇到职业生涯的瓶颈，也不会成为所在领域的思想领袖。很多公司不注意培养或者帮助他们的架构师达到这个层次，因为这些公司害怕项目之外的任何事宜都会增加成本。反过来，这种公司里的架构师也会始终高不成低不就，因而也无法带领公司创新或转型。这些公司最终会错失机会，因小失大。相反，诸如 IBM 等公司有意以“回馈”的方式培养领导力：他们期望杰出的工程师和研究人员回馈公司内外的社区。

同样，只具备领导力却没有影响力的架构师，很可能缺乏相应的技能基础。这可能是一个警告信号，它表明你已经变成了一个几乎脱离实际的象牙塔架构师。如果架构师的影响力依然停留在多年前甚至数十年前的水平，同样会产生这种结果，因为架构师所宣讲的方法和思想在当前的技术场景下已经不适用了。虽然某些架构思想永不过时，但是其余的都会随着技术的发展被淘汰，比如，为了提高处理速度而把尽可能多的逻辑以存储子程序的方式放入数据库，这种方法已经不再是明智的选择了，因为数据库是大多数现代网络架构中的瓶颈。此外，夜晚自动重复运行批量脚本的方法也落伍了，因为现在的24/7实时处理根本就没有所谓的夜晚。

资深架构师指导初级架构师时，这个良性循环就结束了。因为（软件）架构中的反馈周期很慢，所以这个指导的过程能让新架构师节省很多时间，他们无须自己从实践和错误中学习。10个受过良好指导的初级架构师会比1个资深架构师更有影响力。每个架构师都应该知道，纵向扩展能力（变得更聪明）到一定程度就不起作用了，而且存在单点（就是你）失败的隐患，因此，你需要通过传授知识和经验给多个架构师来横向扩展。我一直在努力招募架构师，并且意识到其他大型企业也有同样的需求，因为增加技能永远都非常重要。

另外，指导的过程不仅仅对被指导者有利，对指导者同样有益。老话说得好：只有在给其他人讲解某个东西时，你才能真正地理解它。这句话同样非常适用于架构。做一场演讲或者**撰写一篇文章**需要你整理和重新思考，这通常也会催生新的见解。

1.4.3 重复良性循环

经验丰富的架构师能够正确地解释自20世纪80年代以来的各种技术，这意味着架构师在其职业生涯里不只要完成一次良性循环。重复这个良性循环的一个原因是，技术和架构风格的变革永不停歇。虽然一个人很可能已经是关系型数据库领域的思想领袖，但他依然需要学习非关系型数据库相关的技能。在第二次循环中，获取技能的速度通常明显更快，因为第一次循环提供了基础。在经历多次良性循环之后，我们也会慢慢理解架构大师们经常说的话：软件架构领域里真的没有多少新东西，我们以前全都见过了。

重复这个良性循环的另外一个原因是，在第二次循环中，我们可能会理解得更深刻。第一次我们可能只学会了如何完成某件事情，但是第二次才可能明白**为什么**要这样做。比如，我们撰写《企业集成模式》这本书就是体现思想领导力的一种形式，这样说可能没错。然而，在书中的章节介绍里，我们对模式图标、决策树和决策表等元素的选择都是随意的，而不是经过深思熟虑的。现在回过头来看，我们才理解这些元素实际上就是视觉模式语言或者模式辅助的决策方法的实例。因此，重复这个良性循环总是值得的。

1.4.4　要当一辈子架构师吗

虽然架构工作是现在最令人激动的工作之一，但有些人还是会感到悲伤，因为作为架构师就意味着你职业生涯的大多数时间可能会做这份工作。然而，我并没有这样的担心。首先，作为架构师，你能够和 CEO、总裁、医生、律师以及其他高端专业人士相提并论。其次，在注重技术的组织里，软件工程师应该和架构师有同感：职业生涯的下一步应该是成为资深软件工程师或者**高级工程师**。因此，我们的目标就是将**软件工程师**或者 **IT 架构师**这样的职位头衔同具体的资历水平分离。在很多数字化组织中，软件工程师的职业阶梯可以一直到达高级副总裁级别，享有同等地位和薪酬。有些组织甚至有首席工程师这一职位，如果你思考一下，可能会觉得这个头衔比首席架构师更好。我个人更喜欢把自己喜欢的事情做好，而不是去追求别的东西。因此，生命不息，架构不止！

1.5 决策

三思而后行

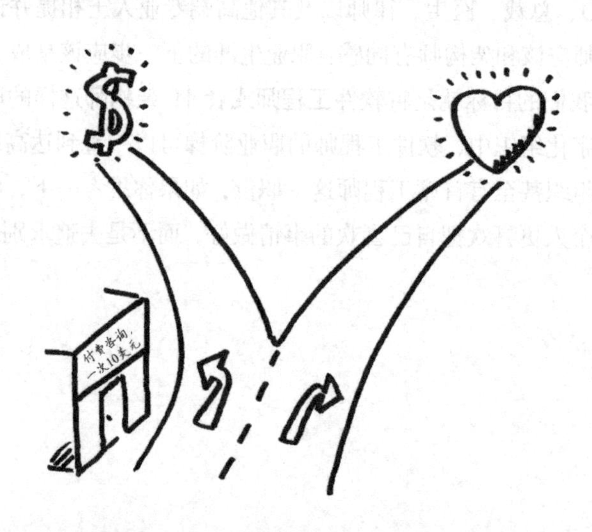

做决定

你买了一张彩票，然后中了大奖。这是一次多么英明的决定啊！大半夜，在热闹的街道上，醉醺醺的你闭着眼睛闯红灯横穿马路，最后竟然安全地到达了马路对面。这个决定也很棒吗？并不是。两个决定都有积极的结果，但是这两者的区别在哪里？我们用风险来判断第二个决定，而用结果来判断第一个决定，忽略了票价和中奖概率。但是，你不能只通过结果来判断决定的好坏，因为你在做决定的时候根本就不知道结果是什么。你需要基于当时自身的知识储备做决策。

另外一个实验：你面前的桌子上有一个很大的瓶子，里面装有100万颗药丸，它们看起来一样，都无毒无味，但其中有一颗能让你立即无痛死亡。如果有人让你从这个瓶子中随机拿出一颗药丸服用，给你多少钱你才会同意？大多数人会说100万美元、1000万美元，抑或直接拒绝。然而，这同一群人却非常愿意（睁着眼睛）闯红灯，或者滑一整天雪，而事实上，这两种行为和吞药丸打赌有着同等的风险。但是，人们很难将闯红灯之后幸存的结果和挣好几百万美元等同起来。

人类天生就是很糟糕的决策者，在涉及小概率事件以及死亡和金钱等问题时尤其如此。我们以为自己是很聪明甚至是狡猾的决策者，但这并非事实。丹尼尔·卡尼曼（Daniel Kahneman）在《思考，快与慢》一书中用大量的例子展示了人类的大脑是如何被欺骗的。比如，有一种现象叫作**启动效应**，它可以让我们在面对巨大不确定性的时候，无意识地选择一个我们最近听到或看到的数字，即使该数字和发生的事情毫无关联。很多人在听到 100 万颗药丸时会脱口而出“100 万美元”，这一效应就发挥了作用。

决策是企业级架构师工作中的关键部分，因此，要想成为优秀的架构师，必须首先努力成为更好的决策者。

1.5.1　我们真的那么容易上当吗

面对简单的决定或编造的例子时，我们似乎很容易分辨出其中怪诞或不合理的行为。但是当面对现实生活或商业环境中的复杂决定时，我们的决策自制力真是出乎意料地糟糕。比如，运营周会竟然经常根据关键基础设施服务中断时间的长短来判定该周的“好坏”。任何学过统计学入门课程的人都知道，真正的判定标准应该是从长远来看降低事故发生的次数，而不是看你在过去的一周是否足够幸运。这就等同于企业 IT 部门猜测“5 次黑色后肯定变红”。另一个能突出这种思维缺陷的例子是让人震惊的俄罗斯轮盘赌，几轮之后就会有人中枪身亡：“扣扳机，我是个天才！——嘣。”

IT 产品的采购决策通常更严格一些，因为它会使用详细的需求列表。最终，“赢家”的得分是 82.1，而“输家”的得分是 79.8，这是我们经常看到的结果，然而，我们很难证明这种得分在统计学上有什么意义。但是，这种在决策过程中引入数值计算的方式已经比流行的**交通灯**对比图有所进步了，后者只是使用“红”“黄”“绿”三色来进行粗略的等级评估。试想，某款产品因为允许时空旅行而获评为“绿色”，而另一款产品因为需要按照计划停机而被评为“红色”，这种红绿两色的对比，会让人以为这两款产品的特性是截然相反的[①]。其实不需要这样对比，因为我知道我会选择哪个。在有些案例里，这种对比图的结论甚至是从想要的结果或者从不想改变的现状反推得到的，其中的一些 IT 需求会被转化为奇怪的需求。比如，新车必须以每小时 60 英里[②]的速度摇摇晃晃地前进，而且车门也要嘎吱作响，这样它就可以完美地替代旧车了。

1.5.2　小数法则

《思考，快与慢》一书里列举了很多示例，说明人类在决策过程中如何受影响，它会让你觉得自己没有为日常生活做好准备。人类怎么会是如此糟糕的决策者呢？我猜我们已经尝试过很多次了。

---

① 作者这里的例子是用来突出对两个风马牛不相及的特性做红绿对比评判的不合理性。——译者注

② 1 英里约合 1.6093 千米。——编者注

让我们来看一个被卡尼曼称为"小数法则"的现象——人们往往会根据不够显著的小样本数据得出结论。比如，大型企业没有理由把连续7天没有中断服务看作值得庆祝的成绩。

当我还在谷歌移动广告团队工作时，我们为改变广告出现次数和设置的A/B测试实验使用了严格的度量标准。仪表盘上包括了如点击率（点击率越高，收费越多）等指标，也包括了用来标识广告是否让用户从搜索结果分心（谷歌是搜索引擎，而不是广告引擎）的指标。另外一个重要的指标是置信区间，它用来表示95%的样本集合将随机落入的范围。对于正态分布，我们使用了样本点数的平方根来缩小置信区间，这就意味着需要4倍的数据点，也就是需要4倍的时间来运行实验，才能达到置信区间减半的效果[1]。如果实验落入了当前设置的置信区间里，你必须去争抢额外的"实验空间"，该空间定义了可以分配给实验的流量占比。整个流程的设计就是为了克服**证实性偏见**，即我们倾向于将数据解释为支持自己的观点。

1.5.3 偏见

《思考，快与慢》一书中列出了人类思维产生偏见的诸多方式。这本书真的值得一读。这里，为了列举出所有方式，我不得不对原书内容做了重新编排。其中一个众人皆知又非常重要的偏见是**前景理论**：为了换取小但有保障的收获，人们会情愿放弃获得更多金钱（或幸福等）的机会——"一鸟在手好过百鸟在林"。然而，当涉及损失时，人们更可能彻底规避可能发生的损失，而不是抓住有保障的小收入。当我们希望规避某个负面事件时，往往会"感觉很幸运"，这种效应被称为**损失厌恶**。

研究表明，人们通常会为了赌一个正向结果而索要1.5~2倍的合理回报。如果有人发起一个抛硬币游戏，硬币正面朝上就跟你要100美元，但反面朝上的话会给你120美元，你愿意参加吗？虽然可以预见的结果是获得10美元的收入（$0.5 \times (-100) + 0.5 \times 120 = 10$），但是大多数人还是会友好地拒绝，当反面朝上可以得到150~200美元时，他们才会参加这个游戏。

1.5.4 启动效应

当你去买毛衣时，店员几乎肯定会先挑一件超级贵的毛衣给你看，很可能超出了你的预算。一件毛衣就要399美元？这也太贵了。但它用的可是山羊绒哦，手感柔软舒服，很吸引人，就是价格过高。相比之下，199美元一件几乎一样好的毛衣似乎很便宜，你会很乐意买下它。但在隔壁，花59美元就能买件像样的毛衣。你成了启动效应的受害者，因为你设定了足以影响你决定

[1] 置信区间（confidence interval）是指由样本统计量所构造的总体参数的估计区间。——译者注

的环境。启动效应不一定都像这个例子一样直接。如果你是老年人的心态，那么即便身边没有老年人，你也会走得更慢。[①]

William Poundstone 的《无价：洞悉大众心理玩转价格游戏》一书中提供了另外一个有关启动效应的经典示例。将两种啤酒摆在受试者面前，其中的“优质品”标价 2.60 美元，而旁边的“便宜货”标价 1.80 美元，大约 2/3 的受试者（学生）选择了“优质品”。再增加第三种啤酒“超优品”，标价 3.40 美元。结果，90%的学生选择了“优质品”，而剩余 10%的人则选择了“超优品”。利用启动效应，即使是没人买的商品，也能影响人们的购买行为。如果你想销售一款比较便宜的啤酒，最好能放一瓶更便宜的在旁边做衬托，即便根本没人会买它。

1.5.5　决策分析

如果我们是非常糟糕的决策者，那么该如何改进呢？首先，要意识到我们的确是糟糕的决策者，这是最重要的；然后，要理解为什么我们是糟糕的决策者，这样才能尽量避免这些因素或者至少尝试补救。如果想做得更好（你应该这样做），你应该去看一本很棒的有关使用数学方法辅助决策的书，就是 Ron Howard 和 Ali Abba 撰写的《决策分析基础》。Ron 的课是我在斯坦福大学上过的最棒的课程之一：有趣、发人深思，又充满挑战。不过，他的书可不便宜，标价将近 200 美元。你是否应该花 200 美元买本书来提升自己的决策水平？好好考虑一下……

1.5.6　微亡率

Ron 和 Ali 还帮助我们思考了上面那个装有百万颗药丸的瓶子的故事。他们把百万分之一的死亡率称为 1 个**微亡率**（micromort）。从那个装有百万颗药丸的瓶子中拿出 1 个药丸服用恰好就是 1 个微亡率。为了避免冒这个险，你愿意付出的代价称为你的**微亡率价值**。微亡率能帮助我们推断那些可能产生小概率但很严重的后果的决策，比如决定是否做手术，该手术可以消除长期病痛，但有 1%的概率失败，进而导致患者当场死亡。

校准微亡率价值有助于我们思考日常生活中的风险。滑雪一整天会有 1~9 个微亡率，而摩托车事故大概是每天 0.5 个微亡率。所以一次滑雪之旅可能会让你承担 5 个左右的微亡率风险[②]，等同于服用 5 颗从那个瓶子中取出的药丸。那么一天的滑雪之旅值得吗？这时候，你就需要比较滑雪带给你的娱乐价值和这趟滑雪之旅的花费以及要承担的微亡率风险。

---

① 参见 Bargh、Chen 和 Burrows 的文章，*Automaticity of Social Behavior: Direct Effects of Trait Construct and Stereotype Activation on Action*，刊载于 *Journal of Personality and Social Psychology*，1996 年 8 月，第 71 卷，第 2 期，第 230~244 页。

② 一整天的滑雪会有 1~9 个微亡率，所以微亡率的平均值是 5 个左右。——译者注

那么，让你服用1颗那个瓶子中的药丸需要给你多少钱？大多数人的微亡率价值在1~20美元，下面的讨论中我们假设每个人都取平均值10美元。进行一次滑雪之旅，你不仅需要支付100美元的燃油费用和缆车费用，还需要承担50美元的死亡风险。现在，你需要决定为了在山上滑雪一天是否值得花费150美元。这也可以说明100万美元的微亡率价值没有多大意义，因为你很难为自己一天的滑雪之旅支付500万美元，除非你富得流油！这个微亡率价值模型也能帮助你决定，花100美元买个头盔，让死亡风险减半是否值得。

微亡率价值会随着收入（更准确地说是消费）增加而增加，也会随着年龄增长而降低。它的期望值[①]就是你为自己余生定义的货币价值，也会随着收入增加而增加。因此，有钱人应该会很容易决定去买个100美元的头盔，而收入只够维持生计的人则倾向于接受这种风险。随着年龄的增长，你自然死亡的可能性也会不可逆转地增加，到80岁时，你的微亡率达到每年约10万个，即每天近300个。到那个时候，付出很大代价来降低2个微亡率已经没有什么意义了。

1.5.7 模型思维

即使是很简单的模型，也能帮助我们成为更好的决策者。George Box有一句名言，“所有模型都不对，但总有一些是有用的”。所以，不要仅仅因为一个模型做了简化的假设就放弃它。它帮助你做的决定可能比你仅仅根据直觉做的决定要好。

斯坦福大学Scott Page教授的**模型思维课**是我上过的最好的介绍模型及其应用的课程。决策树是一个能帮助你做出理性决策的简单模型。假设你要买辆车，但是有40%的概率经销商会在下个月做1000美元的返现活动。然而你现在就需要一辆车，因此，如果你推迟购买，就需要在接下来的一个月里花500美元来租辆车。你应该怎么做呢？如果你现在购买，就需要支付现有的标价。为了简单起见，我们把这个标价定为0美元。如果先租车，你就需要先花500美元，然后才有40%的概率获得1000美元的返现，那么期望值就是负的100美元（$0.4 \times 1000 - 500 = -100$），因此你应该现在就买这辆车。

假设有位内部人士能告诉你下个月是否真的有返现活动，他标价150美元来出售这个确切的消息。你应该购买这个消息吗？有了这个消息，决策树可以让你在没有返现活动时（60%的概率）决定现在就买，有返现时（40%的概率）就一个月后买。这个消息产生的期望值是正的200美元（$0.6 \times 0 + 0.4 \times (1000 - 500) = 200$）。而这是你现在最好的选择，因为不购买内部消息而直接购买只会产生0美元的期望值，所以花费150美元去买这个消息是值得的。

① 期望值是概率论和统计学中的一个概念，在经济学中有应用，它是对不确定事件的所有可能结果的加权平均，但要注意，它并不等于实际值，只是用来衡量所有结果的总体趋势。——译者注

1.5.8　避免决策

你已经看了这么多决策背后的科学原理，那什么才是最好的决策呢？对了，就是那个你不需要做的决定。这就是为什么 Martin Fowler 会说“架构师最重要的任务之一就是从设计中消除那些不可逆的决策”[①]。这些决策是根本不需要做的，或者可以快速做的，因为后面可以轻易改变。在良好设计的软件系统里，决策并不像从那个瓶子中取出致命药丸那样不可改变。

但是，如果你必须要做一个重大的架构决策，请务必三思而后行。

① 参见 Fowler 的文章，*Who Needs an Architect?*。

1.6 刨根问底

问则进，不问则退

爱提问题的架构师

一个很常见的误解是，首席架构师对任何事情都比“普通”架构师精通——不然他们怎么会是“首席架构师”呢？实际上并非如此。因此，在自我介绍时，我经常会说自己只是一个知道问正确问题的人。再次引用电影《黑客帝国》中的场景，拜访首席架构师就有点像拜访先知：你不会直接得到答案，但会听到所需要的东西。

1.6.1 五问法

提问并不是一个新技能，并且已经因为五问法而被广泛应用。五问法是由丰田佐吉（Sakichi Toyoda）提出的，是丰田产品系统的组成部分。这是一种反复追问某些事情为什么会发生以便探究根本原因的方法。如果汽车启动不了，你应该一直追问“为什么”来找出根本原因：启动器无法点火，因为电池没电了；电池没电是因为车灯一直开着；车灯一直开着，是因为警告车灯一直开着的蜂鸣器没有发声；蜂鸣器没有发声，是因为一个电子设备出了问题。所以，你应该做的是修复这个电子设备，而不是去尝试通过跨接引线来启动汽车。在日语里，这个方法读作“naze-naze-bunseki”（なぜなぜ分析），大致上可以翻译为“为什么，为什么分析”。这里，我认为数字“五”只是为了提醒我们不要过早地放弃。如果你只问了四次“为什么”就发现了问题的根本原因，我也不会认为你作弊了。

这种方法非常有用，但是需要自律，因为人们往往会在答案中插入自己认同的方案或假设。我见过有人在分析产品故障的根本原因时，反复使用"因为我们监控得不够"和"因为我们没有足够的预算"来回答第二个和第三个为什么。对应汽车无法启动的例子，这些答案就相当于反复说"因为车旧了"。这不是在做根本原因分析，而是典型的机会主义或借口主义（excuseism）。借口主义这个词在城市词典中有收录，但韦氏词典还没有收录它。

反复提问会让回答者有些恼火，所以你最好先介绍一下丰田产品系统，好让大家明白这是一种被广泛采用且非常有用的方法，而不是你在故意刁难他们。还有，要先提醒你的同行，你不是在质疑他们的工作或者能力，而是你需要详细地了解系统和问题，只有这样，你才能发现潜在的缺失或偏差。

1.6.2 反复追问才可以揭示出决策和假设

在实施架构评审时，"为什么"是一个非常有用的问题，它可以帮你将注意力吸引到已经做出的**决策**上，以及促成这些决策的假设和原则上。回答的人常常会说，这是"上帝赐予我们的"，实际上就是"从天上掉下来的"，或者从任何你认为主宰一切的神圣造物主（真正的首席架构师！）居住的地方掉下来的。揭示出促成最终决策的假设能够提供更多关于决策的深刻见解，还有助于提升架构评审的价值。架构评审不仅仅要验证结果，也要验证结果背后的思考和决策。为了强调这个事实，评审团队应该要求任何提交架构评审申请的团队先提交一个**架构决策记录**。

如果做出假设的环境发生改变，这些未明说的假设就会成为很多问题的根源。比如，传统的 IT 部门经常会编写一些精致的图形用户界面配置工具，但它们可以被几行代码和标准的软件开发工具链替代。他们当时的决策是基于编写代码既慢又容易出错的假设，但这已经不再是必然的了，因为我们可以通过学习克服自己的**代码恐惧症**。如果要改变组织行为，你往往需要首先识别和解决那些过时的假设。

回到电影《黑客帝国》中，先知给出的解释是"……你不需要来这里做选择，你已经做出了选择。你来这里只是为了弄清楚自己**为什么**做出这样的选择"。这听起来有些戏剧化，但不失为架构评审的一个非常合适的开场白。

1.6.3 处理所有问题的研讨会

在大型企业里提问的一个显而易见的问题就是，企业人员通常不知道、不会表达或者不愿意回答。对此，他们提出的建议通常是开会，而且很可能是个冗长的、贴着"研讨会"标签、打着要“分享和记录问题答案”旗号的会议。然而，在实际会议中，你会反复发现答案都是“不知道”，最终就是你需要回答自己的问题。团队还可能会从外部获取支持来防止你问出很多他们不想听的问题。

很快，你的日程表会被一大堆研讨会的邀请塞满，然后你会变成所有团队口中的“瓶颈”，因为你无法参加他们的重要会议才导致他们的进度变慢。他们甚至没有说谎！这种组织化的抵触行为就是**系统抗拒改变**的典型例子。

如果你的目标不只是评审架构提案，还包括改变组织行为，你就必须接受挑战，改变系统。比如，你可以重新定义架构文档的标准，并取得管理层对诸如提高透明度等的支持。如果团队在会议前无法提供合格的文档，会议就必须取消。如果团队不能完成这种文档，你可以为他们提供架构师，以便帮助他们根据实际项目制作文档。当你缓和一下，并列出一系列具体的问题时，实际的研讨会将变得更加高效。把会议的时间减半还可以让评审过程更有针对性。

从好的方面来看，组织架构文档研讨会并且**给银行劫匪画像**（参见3.5节）可以为你提供一组宝贵的系统文档，以便以后引用参考。我也正在计划系统地进行这种架构评审和记录会议，并创建一份架构手册，收集IT领域所有系统的重要架构决策。但这需要**良好的写作技巧**和足够的人力资源，而你只有搭乘**架构师电梯**前往顶层，向管理层清晰阐述系统架构文档的价值，才能获得这些支持。比如，这种文档可以让员工快速了解系统，发现架构的不一致之处，并且可以基于事实做出理性的决策，而这反过来又能促进向和谐的IT环境方向发展。在自顶向下的组织里，有时候你必须努力把这些信息传递给顶层管理者，这样他们才能慢慢地理解并给予你相应的支持。

1.6.4 不存在自由通过

有些时候，参加架构评审会议的团队只是想要得到你对他们完成事项的认可，他们对你问的问题根本不感兴趣。他们通常就是故意等待到最后一刻才申请架构评审，对你的“为什么”总是回答“因为我们没有时间”的那批人。对于这种情况，我有一个原则，那就是“你可以避开我的评审，但你不可能自由通过评审”。如果管理层认为架构并不重要，因此架构评审没有必要，那我宁愿完全不做评审，而不是走个形式。

我认为这与我的职业声誉密切相关：我们很严格，但也很公平，而且能出色地完成工作。我的老板曾用一句赞美的话总结了这一点，她说，她喜欢有架构团队参与进来，因为“我们没有什么可以私下交易的，没有人可以欺骗我们，而且我们能花时间把事情解释得很清楚”。这对于任何架构团队而言都是一个很好的授权声明。

第 2 章

架 构

定义架构

绝大多数架构师在实践中对 IT 架构有自己的定义，而软件架构的大多数定义会提及系统的元素或者组件，以及它们之间的关系。但是，在我看来，这种定义比较片面。首先，IT 架构不仅仅是软件架构：除非你把所有的 IT 基础设施都外包给了公共云，否则，你就需要架构网络、数据中心、计算基础设施、存储，以及其他子系统。其次，这些子系统也都是由许多组件组成的，和它们相关的架构也千差万别。有位经理曾经说，他无法理解与网络配置相关的问题，因为毕竟网络就“在那里”。这位经理是从物理角度看待网络的：网络就是以太网电缆接在服务器和交换机上。然而，网络架构的复杂之处就在于虚拟的网络隔离、路由、地址转换，等等。因此，理解你所处理的“组件”的种类是理解架构的一个重要方面。

把架构看作职能部门

在大型企业里，“架构”这个词通常用于系统中的概念，但它也可以代表一个组织单元，比如“我们正在组建企业架构部门”。在本书的大部分内容中，当提及“架构”时，关注点是系统属性；当谈到“架构师”时，关注点则是组织。作为职能部门的架构是要基于人力资源的，所以我更喜欢关注人的因素。

架构始终存在

值得指出的是，任何系统都有自己的架构，“我们没有时间做架构”这句话是有问题的。问题仅在于你是有意识地选择自己的架构，还是任由架构自然形成。后者注定会导致臭名昭著的**大泥球架构**，也称为**棚户区**[①]。虽然这种架构可以在没有集中规划或特殊技能的情况下快速实现，

① 棚户区就是很多简易房的聚集区，没有规划、抗灾性差、拥挤不堪，甚至缺乏水、电等必要的基本资源。
——译者注

但它通常会忽略关键的基础设施方面，也不可能创造出良好的生态。所以，听天由命可不是一个好的企业架构策略。

架构的价值

因为架构始终存在，所以组织应该明白自己想从组建的架构部门获得什么。很多企业组建了架构团队，却不让他们做本职工作，比如，很多团队是在例行公事地做出服从管理层决策的架构设计，这实际上要比放任“大泥球”架构出现更糟糕。你假装在做架构设计，但实际上并非如此。优秀的架构师都不愿意留在这种只把架构看成一种企业消遣方式的地方。如果企业不严肃对待架构事宜，就无法吸引和招募到真正的架构师。

IT管理者往往认为“架构”是一项长期投资，只能在未来获得回报。虽然这种看法从某些方面来讲是正确的，比如管理系统演进的确需要很长的时间，但是架构也能使你在短期内获得回报，比如，能在开发工作的后期适应客户需求的变化，因为能打破僵局而在和供应商的谈判中占据优势，或者能轻松地把系统迁移到新的数据中心。好的架构也能让团队并行开发和测试各个组件，从而提高效率。总体来说，优秀的架构会为你带来灵活性。在这个瞬息万变的世界里，对架构的投资看起来很明智。

因为很多高层管理者精通各种财务模型，所以我经常把在架构上的投资比作**购买期权**：期权赋予买方在未来买入或卖出某金融资产的权利，但不承担履行期权合约的义务。IT架构中的“期权”允许你改动系统设计、运行时平台或者功能性需求。就像在金融行业里一样，IT架构中的“期权”也不是免费的，因为它赋予在未来履行合约的能力，所以当更多信息可用时，它就会具有价值，因此也是有价格的。我不认为**Black-Scholes期权定价模型**能精确地计算出大规模IT架构的价值，但是，它清楚地表明架构的价值可以衡量，因此也就具有相应的价格。

原则驱动决策

架构中多多少少都会存在折中，很难有“最优”的架构。因此，架构师在做架构决策时，必须要考虑具体的情况，努力实现概念上的完整性，即跨系统设计的一致性。要做到这一点，最好选出一组定义明确的架构原则，并始终把它们应用于架构决策上。只有从公开声明的架构策略中推导出这组原则，才可以确保架构决策总是符合策略方向的。

纵向内聚

优秀的架构不仅要考虑跨系统的一致性，也要考虑软硬件栈的所有层面。研究新类型的横向扩展计算硬件或者软件定义网络很有用，但是如果你的应用程序里满是如硬编码 IP 地址之类的死板实现，那么你就不会得到多大好处。因此，架构师不仅要**搭乘电梯**在组织的各个层级间往返，而且也需要往返于技术栈的各层。

架构现实世界

现实世界里到处都是架构，不仅有建筑架构，也有城市、企业组织或者政治系统的架构。现实世界必须处理很多问题，这些问题和大型企业遇到的问题是一样的，即缺乏集中管控、决策不可逆、复杂度、持续演进、慢反馈回路，等等。架构师应该睁大眼睛观察现实世界，从他们能观察到的各种架构中学习。

当在大型企业中定义架构时，架构师不仅需要知道如何绘制 UML 图，而且还需要：

- **在咖啡店排队时**，领悟架构的真谛；
- 首先明确**某物是否是架构**；
- **系统化思考**；
- 知道**配置并不比编码好**；
- “猎杀僵尸”，这样 IT 人员就不会被**“吃掉脑仁”**（参见 2.5 节）；
- 用**不失真的世界地图**在企业 IT 的危险水域中导航；
- 让一切自动化，这样就**永远不用派人干机器的活**；
- 像软件开发人员一样思考，就好像**软件定义了一切**。

2.1 咖啡店不使用两段式提交法

边排队，边学习分布式系统设计

大杯、耐用、非原子、豆奶拿铁

2.1.1 请给我一杯热拿铁

如果你一进咖啡店，就开始思考松散耦合系统之间的交互模式，那么你绝对是个极客。我有次去日本出差时就经历了这样的事情。日本东京给大家最深刻的印象之一就是有非常多的星巴克咖啡店，特别是在新宿和六本木地区。我在咖啡店排队等待热巧克力期间，就一直在思考星巴克是如何处理订单的。和其他大多数商业机构一样，星巴克也追求最大化订单处理量，因为订单越多，收入就越多。

有意思的是，为了提升效率，所有星巴克咖啡店都采用了并行和异步的订单处理模型：当你点了饮品后，前台收银员便会把你的需求细节（比如中杯、脱脂、豆奶、多奶泡、双份浓缩热拿铁）标记在杯子上，然后把这个杯子放到一个队列中，一个真的放在咖啡机上的饮料杯队列。正是这个队列把前台收银员和后台咖啡师分离开来。前台收银员会不停地接受订单，即使后台咖啡师那儿会有积压。当订单量太大时，可以调配更多的咖啡师过来，形成**竞争消费者**的场景，这就意味着这些咖啡师可以并行处理，无须重复工作。

异步处理模型可以高度扩展，但也面临一些挑战。我开始思考星巴克是如何应对这些挑战的，也许我们能从咖啡店学习优秀的异步消息传递方案。

2.1.2 关联

并行异步处理模型并不保证饮品会按照接单的顺序制作完成。可能的原因有两个：首先，不同饮品的订单处理时间不一样，比如制作星冰乐要比制作简单的滴滤咖啡耗时更长，所以后下单的滴滤咖啡可能会先做好；其次，同一个咖啡师可能会同时制作多份饮品，以便提高供应速度。

因此，星巴克需要解决饮品和顾客之间的关联问题：在饮品制作完毕但顺序已乱的情况下，必须确保把它们正确地送到顾客手中。星巴克使用了**关联标识**来解决这个问题，这正是消息传递架构所使用的“模式”：在整个处理流程中，每条消息都带有唯一的关联标识。在美国，大多数星巴克咖啡店会在接单时，在咖啡杯上明确写上顾客的名字，以此作为关联标识。在饮品制作完毕后，只需大声呼喊杯上的名字即可。其他国家则可能用饮品类型作为关联标识。我在日本时，因为很难听懂咖啡师喊出的饮品类型，所以总是点“超大杯”的饮品。由于很少有人点超大杯，因此很容易识别，即很容易“关联”。

2.1.3 异常处理

另一个需要面临的挑战是异步消息传递系统中的异常处理。在你无法付款时，咖啡店会怎么做？他们会直接倒掉已经制作好的饮品，或者直接把你的杯子从“队列”中移除。如果给你的饮品弄错了或者你觉得不满意，他们会重做一杯。如果机器坏了，无法制作你要的饮品，他们就会给你退款。显然，我们可以在排队等饮品的过程中学到不少有关错误处理的策略。

像星巴克咖啡店一样，分布式系统通常不能依赖于两段式提交机制，这种机制用来确保经过多个操作后总是得到一致的输出。因而，分布式系统也采用了和星巴克一样的错误处理策略。

1. 忽略

这是所有策略中最简单的一种：什么都不做。如果错误发生在单个操作中，你只需要忽略它即可。如果错误发生在一组彼此关联的操作过程中，你可以忽略错误并继续接下来的步骤——忽略或者丢弃到现在为止所做的任何工作，这就是咖啡店在顾客无法付款时采取的策略。

面对错误不采取任何行动，乍一听这可能像个很糟糕的计划，但在实际的业务交易中，这可能是完全可以接受的。如果出错导致的损失很小，建立一套错误纠正机制的成本很可能会比简单地放弃处理更高。当涉及人工操作时，纠正错误就会产生代价，而且可能会延迟对其他客户的服务。此外，错误处理本身也会引入额外的复杂度——你最不想看到的就是错误处理机制本身是有问题的。所以，在很多情况下，“怎么简单怎么来”。

举个例子，我曾在多家互联网服务公司工作过。当记账或供应环节出错时，他们都会忽略错误。而这样处理的结果可能是某个客户得到免费的服务。实际上，由此造成的收入损失很小，对业务的影响非常小，而且也很少有客户会抱怨天上掉馅饼。这些公司会定期运行“对账”程序，以检测出那些“不付费”账户并直接关闭掉那些出错的交易。

2. 重试

当简单地忽略错误不可行时，你可能需要重试出错的操作。如果重试有足够高的成功率（比如在某个临时通信故障成功修复后，或者不可用的系统重新启动后），那么它就是合理的选择。重试可以改正间歇性的错误，但它对违反业务规则的操作无能为力。

在一组操作（即一个事务）期间出现错误时，如果所有组件都是**幂等的**（意思是，这些组件能够多次接收同样的命令，却不会重复执行），事情就会变得更简单了。你可以简单地重新触发所有操作，因为接收这些命令的幂等组件已经执行过它们了，所以它们会直接忽略这些重试的操作。因此，把错误处理的一部分负担转移给接收操作命令的幂等组件，有助于简化交互流程。

3. 补偿操作

最后一个可供选择的策略是，通过回滚截至出错时已经完成的操作，让系统回到这组操作发生前的状态。这种“补偿操作”非常适合资金交易的场景，这样一来，已经被扣的费用可以重新打回源账户。如果咖啡店无法制作出让你满意的咖啡，他们就会退款，让你的钱包回到原来的状态。因为现实生活中随处可见失败的场景，所以补偿操作也有很多形式，比如业务人员电话告知客户忽略他们已经发出的信件，或者退回错发的包裹。无法采取补偿操作的典型例子是香肠制作。要知道，有些操作不是那么容易逆转的。

2.1.4 事务

上面描述的所有策略都与依赖单独的**准备**和**执行**的两段式提交法不同。在星巴克的例子里，两段式提交意味着顾客和收银员分别拿着钱和收据在前台等待咖啡制作完毕后，一手交钱一手交货。在这个过程中，收银员和顾客都不能离开（去干别的事情），直到这笔交易完成。

用两段式提交法就无须另外的错误处理策略，但它一定会影响星巴克的生意，因为在同样的时间段里可以服务的顾客数量会大幅减少。这提醒了我们，两段式提交法虽然可以简化工作，但会影响消息的自由流动（因此，也会限制系统的扩展能力），因为它必须要在多个异步活动期间维持有状态信息的事务资源。这也表明，高吞吐的系统需要针对最优路径做优化，而不是在出错的时候为那些罕见的情况进行事务处理。

2.1.5 反向压力

虽然咖啡店用的是异步工作模型，但它不可能无限扩展。随着咖啡杯的队列越排越长，星巴克可以临时调配一个收银员去制作咖啡。这有助于缩短已付款顾客的等候时间，但这也会给还未付款的顾客施加**反向压力**。没人喜欢排队等候，但如果还没付款，你可以选择离开不喝咖啡，或者溜达到不远处的下一家咖啡店去看看。

2.1.6 会话

咖啡店里的互动是一个优秀、简单但又常见的**会话模式**，这种模式体现了参与者之间的消息交换顺序。双方（顾客和咖啡店）的互动包括一个短暂的同步交互（下单和付款），以及一个较长的异步交互（制作和拿到饮品）。这种类型的会话在购物场景里非常普遍。比如，在亚马逊网站上下单时，通过一个短暂的同步交互，你会得到一个订单号，然后所有后续步骤（信用卡扣款、货物包装、运送）都是异步进行的。当某些步骤完成时，你会收到（异步的）电子邮件通知。如果其间出现任何错误，亚马逊通常会采取补偿（退款到你的信用卡）或重试（重新发送遗失的物品）操作。

2.1.7 规范化数据模型

除了分布式系统设计的知识外，咖啡店还可以教你更多知识。当星巴克咖啡店刚刚出现的时候，顾客对他们在点咖啡时必须要学习的专用语言既兴奋又感到挫败，比如小杯咖啡现在叫作“中杯”（tall），大杯则被称为“超大杯”（venti）。定义自己的业务语言不仅是一个非常聪明的市场策略，也能建立起**规范化数据模型**，优化下游流程。任何不确定性（要豆奶还是脱脂奶）都会在“用户界面”由收银员解决，可以避免那些会增加咖啡师负担的冗长对话。

2.1.8 欢迎来到现实世界

现实世界中的大多数场景是异步的。我们的日常生活包含了许多相互协调但异步的交互，比如阅读和回复电子邮件，购买咖啡，等等。这就意味着异步消息传递架构通常是这些交互的自然模型。这也意味着，观察日常生活，可以帮助我们设计出优秀的消息传递方案。谢谢光临！

2.2 这是架构吗

寻找决策

你会为这个设计向建筑师付费吗

作为首席架构师，我的部分工作是审批各种系统架构。当我看到团队的“架构”时，经常认为自己看到的并不是架构文档。他们会反问：“你到底期望看到什么？”这个问题我不太好回答：虽然已经有了很多正式的定义，但还是很难立即清楚地解释架构是什么，或者判断一份文档是否真的描述了一个架构。很多时候，我只好说“只要让我看一眼，我就知道它是不是架构”，这就像美国最高法院用来鉴别淫秽材料的那个著名测试：“我只要看到它，就知道它是不是。”因为我们都希望鉴别架构是一项比识别淫秽材料更崇高的任务，所以需要更努力一些。我并不相信那种包罗万象的定义，而是喜欢使用清单，其中清晰地定义了架构特征或可执行的测试。我最喜欢的一个架构文档测试是，它是否包含重大决策及其背后的基本原理。

2.2.1 定义软件架构

定义软件架构的尝试已经够多了，美国软件工程研究所维护着一个众多软件架构定义的参考页面。

应用最广泛的是1995年David Garlan和Dewayne Perry给出的定义：

> 系统的组件结构、组件的相互关系，以及管控组件设计和长期演进的原则和指导方针。

2000年，ANSI/IEEE标准1471选用的是下面的定义（2007年也被ISO/IEC 42010采纳）：

> 系统的基础组织，包括它的组件、组件间的关系、环境以及管控系统设计和演进的原则。

The Open Group 为开放组体系结构框架（TOGAF）选择了其中的一个变体：

> 组件的结构、组件的相互关系，以及管控组件设计和长期演进的原则和指导方针。

我最喜欢的一个定义来自 Desmond D'Souza 和 Alan Cameron Wills 的大作[①]：

> 有关任何系统的设计决策，能让实现者和维护者免于不必要的创造行为。

这个定义关键不是说架构应该抑制所有的创造行为，而是说要避免不必要的创造行为，不必要的创造行为可谓屡见不鲜。我特别喜欢这个定义提及的**决策**，因为**决策制定**就是架构师工作的重要部分。

2.2.2　（建筑）架构决策

虽然有了这些精心拟定的定义，但当有人带着有线框和**连线**的幻灯片来找我，并声称“这就是我的系统架构”时，我发现还是很难用这些定义甄别架构。我常用的第一个测试是，文档中是否包含有意义的决策。毕竟，如果没有做出决策，那又何必雇用架构师准备架构文档呢？

Martin Fowler 总是能用非常简单的例子来解释事物的本质，对此我非常欣赏。因此我尝试用自己能想到的最简单的例子来解释“架构决策测试”，于是类比了建筑架构（我承认毫无新意）。我甚至鼓起勇气亲自绘图，确保表达出人们期望的事物本质，同时也向克里斯托弗·亚历山大（Christopher Alexander）的模式草图[②]致敬。

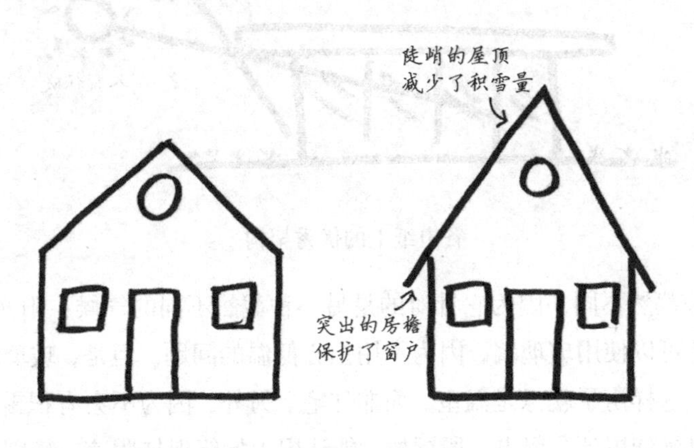

这是架构吗

① 参见 D'Souza 和 Wills 的著作，*Objects, Components, and Frameworks with UML: The Catalysis(SM) Approach*。

② 参见克里斯托弗·亚历山大的著作《建筑模式语言》。

考虑一下上图中左侧的房子草图。它包含了我们在流行的系统架构定义中想要的很多元素：系统的主要**组件**（门、窗户、屋顶）以及它们之间的**相互关系**（门和窗户安装在墙上，屋顶在顶部）。我们可能会觉得在**管控系统设计的原则**这一点上有些不足，但是也的确注意到，图中有一扇门，门没有脱离地面，还有多扇窗户，这些都遵循了常见的建筑原则。

不过，我肯定不会雇用建筑师来设计这样的房子。这个房子太“俗套”了，我根本看不到建筑师做的设计决策。因此，我认为这不是一个架构。

我们对比一下上图中右侧的房子草图。这个草图同样简单潦草，除了屋顶之外，几乎和左侧房子一样。这个房子有陡峭的屋顶，而且理由充分：它是为冬天会有大量降雪的寒冷地区设计的。积雪相当重，能够轻易压垮屋顶。陡峭的屋顶能够让积雪滑落，或在重力的作用下被轻松清除，而重力是一种非常便宜且广泛可用的资源。此外，突出的房檐还能够防止滑落的积雪堆积在窗前。

我认为这就是架构。它做出并记录了重要的决策。决策是受系统所在的环境影响的。在这个例子中，这个环境就是气候。用户几乎不会明确要求屋顶不被压垮。此外，这份文档既突出了相关的决策，也忽略了不必要的干扰。

如果你认为这种架构决策太容易了，我们一起来看一个完全不同的房子。

餐巾纸上的优秀架构

这个房子看起来截然不同，因为它针对的是另一种截然不同的气候：阳光充足的炎热气候。在这种气候下，房子可以使用玻璃墙，因为不用担心低温的问题。但是，玻璃墙会有阳光穿透导致房间变热的问题，这样房子就像是温室，而非住宅。另外，因为不会有积雪，所以平坦的屋顶没有任何问题。通过延伸屋顶，留出一段屋檐，能让屋内始终保持阴凉，特别是在夏天艳阳高照的时候。冬天，当太阳接近地平线时，阳光能够穿透玻璃墙，有助于室内取暖。同样，我们看到了一个相当简单但非常关键的架构决策以一种易于理解的方式记录在了文档里，突出了决策的本质以及背后的基本原理。

2.2.3 关键决策无须复杂

如果你认为突出屋檐的房顶不是原创或重要的设计，去试试购买一栋最早采用这种设计的房子，比如由建筑师 Pierre Koenig 设计的洛杉矶 Case Study House No. 22。它是洛杉矶最知名的民居建筑之一（Julius Shulman 的摄影代表作让它更出名了），显然，它是非卖品。就事后来看，重大的架构决策可能是显而易见的，而且这并不会降低决策的价值。当然，金无足赤：加州大学洛杉矶分校的一些博士生已经证明了朝南突出的屋檐要比朝东或朝西的效果更好[①]。

2.2.4 符合目标

这个简单的房屋设计例子还突出了架构的另一个重要特征：一个架构不能简单地定性为“好”或“坏”。更合适的说法是，架构是否符合应用目标。采用玻璃墙和平坦屋顶的房子可能是优秀的架构，但很可能不适合建在瑞士的阿尔卑斯山脉，因为过不了几个冬天，这个房子就会坍塌或者屋顶漏水。它也不适合建在赤道附近，因为在那里，太阳在天空的轨迹几乎是常年不变的。在这些地区，房子最好采用厚厚的墙和小小的窗。对于架构师而言，一个关键的任务是评估环境和识别候选设计所隐含的约束或假设。

即使是让人提心吊胆的**大泥球**架构，也有“符合目标”的时候。比如，当需要不计代价地赶上某个期限时，你根本无暇顾及之后的事。就像某些地区的房子必须抗震一样，虽然可能非你所愿，但有些架构的确需要经过管理层的认可。无论如何，请务必记录决策背后的具体原因以及折中后的最终结论。

2.2.5 通过测试

我们又一次用了已被过度使用的建筑架构做类比，该如何将这个类比绕回到软件系统架构呢？系统架构不必异常复杂，但是，它必须包含重大决策，而且这些决策要记录下来并且基于清晰的原理。根据组织的复杂度不同，对“重大”这个词的解释可能会不同，但是，诸如“我们对前后台代码做了分离”“我们使用了监控”或者“迁移系统风险太大”等，听起来就像是“我的门着地，因此人们可以走进来”或者“我在墙上开了窗户，因此阳光可以照进来”一样没有意义。相反，讨论架构时，应该讨论哪些原因不够明显或者某些决策为什么会有太多的折中。比如，“你是否使用了服务层，为什么”（有些人可能认为这个也很明显）或者“为什么你使用了一个面向会话的协议”。

令人惊奇的是，有太多的“架构文档”无法通过这个非常简单的测试。我希望通过建筑学上的类比，以一种简单而委婉的方式来提供反馈，并激励架构师更好地记录他们的设计和决策。

---

① 参见 La Roche 的文章，*The Case Study House Program in Los Angeles: A Case for Sustainability*。

2.3 每个系统都是完美的

完美是对它的设计目的而言

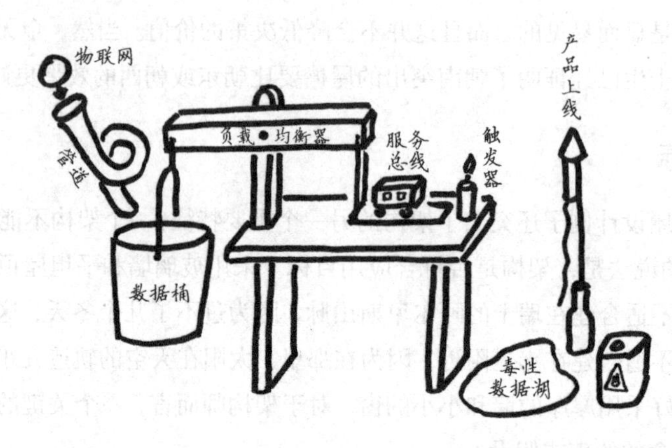

分析系统行为

在思索架构思考的本质时，我经常把系统化思考置于首位。**系统化思考**或者**复杂系统理论**描述了系统组件如何相互影响以及如何影响系统行为。这个描述可能会让你想起流行的软件架构定义，但这并不全是巧合。然而，系统化思考主要关注系统的行为，而不是系统的结构。**系统架构**这个名称也暗示了系统化思考的重要性。

2.3.1 加热器系统

最经典的系统示例就是加热器［当我们认识到**控制只是假象**（参见4.1节）时，也会想到加热器的例子］。住宅加热系统的设计目的是让房间保持令人舒适的温度。该系统的架构会描述主要组件和它们之间的关系：一个火炉、一个散热器或导风管，还有一个恒温器。从控制系统理论角度出发描述系统行为，重点是作为中心元素的恒温器：它可以测量房间的温度，根据需要开关火炉。

与此相反，从系统化思考的角度出发描述系统，中心变量则是室温以及其受到影响的原因。火炉会让室温升高，而随着热量向外消散，温度又会降下来。室内和室外温度都会影响系统行为。在寒冷天气里，温暖的房间会通过墙壁和窗户向外消散更多的热量。这就是为什么智能加热系统会在寒冷天气里增大加热功率。

2.3.2　反馈回路

系统化思考基于反馈回路等方式来关注和理解组件间相互关联的行为。室内恒温器建立了一个在控制系统中很经典的负反馈回路：如果室温太高，火炉就会关掉，然后室温会下降。负反馈回路通常会把让系统保持在一个相对稳定的状态作为目标——因为恒温器的感应有滞后，加热系统也有惯性，所以室温仍然会有轻微的变化。然而，大多数系统的自稳定范围是有限的，比如加热系统无法在炎热的夏天让室内凉快下来。

正反馈回路的行为恰恰相反：一个系统变量的增大会引起本身的进一步增大。我们可以从爆炸物（热量会释放更多的氧气，从而燃烧得更猛烈）、核反应（经典的"链式反应"）或者恶性通货膨胀（商品价格和薪资的急剧增长）中看到这种行为产生的显著效果。另一个正反馈回路的例子是，路上的车越多，越会导致在道路而不是在公共交通上的投资，而这不可避免地会让更多的人开车上下班。类似地，富人有更多的投资选择来获得更高的回报，这会导致"富人更富"的现象，正如 Thomas Piketty 在他所著的《21 世纪资本论》一书中所述。

正反馈回路会因为其"爆炸性"本质变得很危险。政府出台的政策通常在试图抵消这种正反馈回路，比如通过向富人征收更高的税，以及通过提高燃油税来资助公共交通建设。然而，通常这些机制所产生的负反馈回路很难抵消正反馈回路呈指数级增长的特点。但是，系统化思考可以帮助我们理解这种影响。

2.3.3　有组织的复杂性

杰拉尔德·温伯格（Gerald Weinberg）[①]通过把世界划分为三个区域，强调了系统化思考的重要性。第一个区域是**有组织的简单性**，这个区域中是人们充分理解的运作方式，我们可以精确地计算系统的行为。这对于像杠杆之类的简单机械系统，或者由电阻器和电容器组成的电子系统来说，是正确的。第二个区域是**无组织的复杂性**，它无法让我们准确理解系统在干什么，但是因为行为是无组织的，所以我们可以将系统看作一个整体来观察，而不需要理解系统组件间的交互。在这个区域，我们可以使用统计学来推断系统的行为，比如，通过统计来分析病毒的传播。第三个区域，也就是最困难的区域，是**有组织的复杂性**。在这个区域，理解结构和系统组件之间的交互很重要，但是系统太复杂，无法用一个简单的公式来求解。这就是系统所在的区域。[②]

---

① 参见杰拉尔德·温伯格的著作《系统化思维导论》。

②《系统化思维导论》一书已由人民邮电出版社出版，详情参见 https://www.ituring.com.cn/book/1148。——编者注

2.3.4 系统效应

如果无法通过数学公式精确计算系统的行为，那系统化思考又如何帮助我们呢？复杂的系统，特别是有人工介入的系统，通常会受到反复出现的系统效应或模式的影响。理解这些模式有助于更好地预测系统行为并影响它。Donella Meadows 所著的《系统之美》一书中有个“警告列表”，其中列出了系统总是令我们大为惊奇的各种原因。这些效应解释了为什么渔民会过度捕捞进而耗尽他们自己的生存资源，以及为什么游客会成群结队地前往同一个地点进而摧毁了那些吸引他们的景点。这两个例子在这个警告列表中分别属于**有限理性**和**公地悲剧**。

- **有限理性**是诺贝尔奖获得者 Herbert A. Simon 提出的一个术语，用来描述这样的效应：人们通常只在他们能看到的环境中理性行动。例如，如果一栋公寓楼里有个中央供暖系统，它不根据耗热量收费，那么人们就会全天都开着它，而且在有需要的时候还会打开窗户，以降低室温。显然，这是对能源的巨大浪费，而且会导致环境污染、资源枯竭、全球变暖等问题。然而，如果你的有限环境是公寓的温度和钱包中的钱，那么这种行为就是合理的，无论你喜欢与否。始终开着加热器，你会更容易控制温度，因为这样可以避免加热系统再次启动时的惯性。
- **公地悲剧**源于**公有物**。在一个古老的村庄里，有一片公共牧场对所有牧民的动物开放。因为这个资源是免费的，所以牧民们就会竭尽所能地在公有牧场上放养更多的牲口。当然，公有物是有限资源，这种过度消耗的行为会导致资源枯竭和短缺，最终造成悲剧。为什么这样的系统无法自我调节？其中的一个原因就是延迟：当错误行为的负面影响变得明显时，为时已晚，因此无法补救了。

John Gall 在 *The Systems Bible* 一书中幽默而富有深意地讲述了一些系统行为，这些系统行为往往跟我们的意图或直觉相反。

2.3.5 理解系统行为

系统文档，尤其是 IT 领域的系统文档，通常只描述静态的系统结构，很少描述动态的系统行为。然而，大多数情况下，有趣的是系统的行为。通常，系统的存在就是为了展示人们期望的某种行为。比如，创建供热系统就是为了让房间保持舒适的温度。系统结构只是一种达成目的的手段。

想从系统组件中直接得出系统行为很难，这可以用我公寓里的供暖系统来说明。我的这个供暖系统让热水同时通过地板供暖和壁挂式散热器供暖。煤气炉在主回路内给水加热，这个主回路是由内置水泵驱动的。另外两个水泵会分别将热水从主回路中抽入到地暖和壁暖管道里。然而，这两个水泵之间没有协调好，导致第二个水泵无法从主回路中抽到足够的热水，因此会导致主回路快速过热。这反过来又导致煤气炉关闭，进而导致加热功率不足。房间当然无法变暖，因为煤气炉压根就没燃烧。

由于房间无法变暖，技术人员不断尝试增加煤气炉的加热功率，但这只会让问题加剧。系统处在一个无法将足够多的热量移出煤气炉的状态，因此增加煤气炉的功率恰恰导致了相反的结果。经过多次尝试改变参数之后，供暖系统依然无法按照设计目的运作起来，因为技术人员可能只理解系统的独立组件，并不理解系统的行为。这个时候，运用**五问法**有助于识别问题的根本原因。

2.3.6 影响系统行为

我们能从系统中看到的大多数是事件。事件是系统行为的结果，而系统行为又由系统结构决定。如果用户对这些事件不满意，比如，虽然房间已经很冷，但加热器依然是关闭的，他们通常会尝试去做改变，比如把室内恒温器再调高些，而不是去分析或改变问题背后的系统。这样没用，因为如果你不改变系统，就无法改变它所引发的事件。

James R. Chiles 的 *Inviting Disaster* 一书中提供了多个令人印象深刻的、因为不理解系统而引发灾难的实例，比如美国三里岛核反应堆事故，以及美国墨西哥湾深水地平线钻井平台倾覆的事故。在这两起事故中，系统损坏并显示错误的信息，导致操作人员执行了引发灾难的操作，因为他们无法从观察到的事件中理解底层系统及其行为。他们的**心智模型**偏离了真正的系统，导致他们做出了致命的错误决定。

我们经常看到，人类特别不擅长操作那些反馈回路很慢的系统，即在明显的延迟之后才对变化的输入做出反应。下面是个不致命但很常见的场景：当每个人的日程都很满，难以协调出时间参加会议时，人们往往会将会议时间延后，而这恰恰会让问题加剧。相反，你应该首先弄清楚系统的哪些方面导致了日程爆满，然后去改变它们。比如，组织结构和项目结构不匹配，或者一个按照等级划分的决策流程需要太多的**协调会**。除非改变这些方面，要不然你永远无法解决日程爆满的问题。

理解系统效应有助于创造高效的方法去影响系统，进而影响系统行为。比如，公开透明能有效地矫正有限理性，因为它能扩展人们的界限。Donella Meadows 所著的《系统之美》一书中有这样一个例子：只需要在过道安装可见的电表，就能让人们有意识地控制自己的能源消耗，而且不需要另外的规则或者提醒。为了避免公地悲剧，我们需要控制资源的使用，比如在市区安装停车计费表以进行收费。

2.3.7 系统抗拒改变

改变系统很难，不仅因为需要理解系统的结构，也因为系统本身抗拒改变。大多数稳定的系统包括让其保持某个稳定状态的负反馈回路。这就是系统即便受到了外部影响也能保持稳定的方式。比如1.6节中所描述的，如果你要求大家为架构评审准备优秀的文档，“系统”可能就会安排冗长的研讨会，耗尽你的时间。如果你的这一要求得到了管理层的批准，系统还会提交不合格的文档来延长你的评审周期。在这两种情况下，你都可能被“贴上”拖慢系统速度的“瓶颈”标签。因此，你必须从根源上解决问题，向管理层清晰地阐述优秀文档的价值，适当地对架构师进行培训，并且在项目计划中为撰写文档安排时间。

系统对改变的抗拒会让系统具有可预见性和稳定性，但是也会让主动改变系统变得困难，比如主动改变一个组织的文化。随着时间的推移，大多数组织的系统已经进入一个稳定的状态，能够很好地发挥其作用，组织也运转正常。但是，当商业环境发生变化后，需要不同的系统行为时，系统会主动抗拒改变，想要回到以前的状态。这就像要把车从沟渠中推出来的场景：在推上那个最高的斜坡前，车总是想要倒回去。这种系统效应为组织转型带来了挑战。

2.3.8 组织和技术系统

系统化思考之所以对架构师如此有价值，是因为它既可以应用在技术系统上，又可以应用在组织系统上。我们会在后面，如4.4节，学习相关的知识。

2.4 别有代码恐惧症

用设计糟糕又没配套工具的语言编程一点儿都不好玩

谁敢运行这样的代码

尤达（Yoda）是《星球大战》系列电影里绝地武士卢克·天行者（Luke Skywalker）的导师。睿智的尤达知道：恐惧会引发愤怒，愤怒会导致憎恨，而憎恨会带来痛苦。企业 IT 人员对代码的恐惧和对配置的偏爱同样会导致难以逃离的痛苦。要当心阴暗面，而它有多副"面孔"，比如，兜售产品时，企业 IT 供应商宣称，相比冗长且易出错的编码，他们的工具"只需要做配置即可"。可悲的是，大多数复杂的配置实际上就是在编程，而且是在用一种设计糟糕、十分受限，并且没有像样工具和有用文档的语言编程。

2.4.1 代码恐惧症

企业 IT 部门的工作通常是由业务运营事项驱动的，因此，IT 人员往往认为代码总是带有各种漏洞，会引起性能问题，并且出自那些拿着高薪的外部顾问之手，而他们还不用承担责任，因为在问题出现时，他们早都转战到别的项目上去了。企业 IT 人员对代码的恐惧对企业供应商有利。这些供应商鼓吹配置要远远好过编码，他们常说"这个工具压根不需要编程，所有的事情都是通过配置完成的"。我所见过的最荒谬的代码恐惧症实例是，只要你在应用服务器上部署任何代码，企业 IT 部门就会告诉你，他们不会为你的代码提供运营支持。这就好像你刚买了一辆新车，一旦你发动了这辆车，它的保修承诺就失效了——毕竟厂家根本不知道你会用它做什么！

2.4.2 好的初衷

购买现成可用的方案，在其上进行定制或配置，可以帮助 IT 部门节省大量时间和资金。让第三方工具完成烦琐的工作，不仅可以节省资源，还能获得定期升级和安全补丁。功能库和工具集通常是由某个社区维护的，这些社区的出现降低了新技术的入门门槛。比如，为了发布服务应用程序接口（API），你还要自己编写一遍可拓展标记语言（XML）序列化程序吗？

2.4.3 抽象层次

现代开发人员的工作已变得越发轻松了，主要因为他们工作所处的抽象层次已经有了大幅提高。现在，很少有程序员还在写汇编代码、直接从硬盘读取单个数据块，或者亲自把独立的数据包放入网络。这些层次的细节已经很好地封装在高级编程语言、文件流和套接字流里了。这些便捷实用的编程抽象极大地提高了开发效率。不信的话，试试不用它们看看！如果抽象这么有用，自然会有人想问：再加一层抽象是否会进一步提高开发效率？如果一个系统最终提供了足够多的抽象，是不是只要通过简单的配置就能定义方案而无须编码了？

2.4.4 简单化与灵活性

在尝试提高编程抽象层次时，一个人所遇到的基本困境是，如何设计出一个真正简单又不会丢失太多灵活性的模型？如果开发人员想要在硬盘上存储独立的数据记录，以便创建一个快速的、直接存取的索引系统，文件流抽象实际上是一种阻碍。最好的抽象能够解决和封装问题中最难的部分，同时仍能为使用者保留足够的灵活性。如果抽象封装了太多的事情或者封装错了，它就会变得毫无用处；如果抽象封装得太少，也无法达到简化编程的目的。或者正如 Alan Kay 言简意赅的声明：简单的事情应该简单，但依旧保有完成复杂事情的可能。

MapReduce 就是个很好的例子。它抽象并封装了分布式数据处理中最难的部分，比如大量工作者实例的控制和安排、失败节点的处理、数据的聚合，等等。尽管如此，它还是为程序员留有足够的灵活性来解决各种各样的问题。

2.4.5 抽象打包

供应商展示的可拖放的炫酷演示会让我们相信，只要在现有编程模型上再添加一层薄薄的装饰，就能够提供更高层次的抽象。然而，在讨论编程抽象时，我们必须把**模型**和**表征**区分开。一个复杂的模型，比如包含并发、长期运行的事务、补偿等诸多概念的工作流，即便是被封装在一个漂亮的可视化包内，也带有很高的概念权重。这并不是说可视化表征没有价值。特别是在工作流这个例子里，可视化表征能够相当好地表现其中的概念。但是，可视化表征无法消除工作流设计的挑战。

可视化编程刚开始似乎可以提高开发效率，但它往往无法很好地适应规模变化。一旦应用程序增大，就很难弄清到底发生了什么。调试和版本控制也一样会变成噩梦。当供应商演示可视化编程工具时，我通常会进行两项测试。

(1) 我让他们在输入控件里故意输入错误的值。通常这会导致弹出一个含义模糊的错误提示，或者在自动生成的代码里出现难以理解的错误。我把这称为“走钢丝编程”：只要保持走直线，一切都没问题，但是只要走错一步，就会跌入万丈深渊。

(2) 我让供应商暂时离开房间两分钟，期间我们会随机更改演示的一些配置。当他们回来时，他们需要调试并弄清楚我们改变了什么配置。没有供应商愿意接受这项挑战。

2.4.6　配置

什么层次的抽象才应该称为“配置”，而不是“高级编程”？前面提到过，供应商的演示可能会让我们相信所有使用图形用户界面或使用 XML（或 JASON，或 YMAL）的东西都是配置。然而，任何使用 XSLT（包含在 XML 文件中）编码的人都可以证明，那不是配置，而是货真价实的编程。

2.4.7　代码还是数据

一个更好的决策标准是，你提供给系统的是可执行代码，还是只是一段数据。如果算法是预先定义好的，你只是提供了一些关键值，此时把它们称为配置是合理的。比如，我们假设有个程序需要把用户分为儿童、成人和老人。代码中会有几个 `if-else` 语句或者一个 `switch` 语句。配置文件可以提供决策阈值的值，比如 18 和 65。这些值匹配我们关于配置的定义。这也表明可以安全地改动这些值：简单地输入一个数值，你就无须担心运算符优先级顺序或者可能会引入的语法错误。但是，这样的配置并不能阻止你搞砸程序。如果你意外地先输入了 65，然后才输入 18，此时，程序应该不会像期望的那样工作。这种情况下，确切的程序行为是无法预测的，因为它依赖于代码中算法的具体实现。如果程序代码首先判断儿童，它可能会把每个人当成儿童，如果首先判断老人，它又可能会把每个人当成老人。所以，虽然配置相比之下是更安全一些，但也不是完全可靠的。

领域专用语言（DSL）设计者会告诉我们，正确的方法应该是通过决策表来定义这种程序行为。实际上，这种表格可以在支持 DSL 的现代代码编辑器里呈现出来。这里，编码和配置的区别就不是那么明显了，但是不可否认的是，比起输入两个数值，决策表更有表现力，也更加不易出错，而这两个数值本身根本表达不了任何语义信息。

当你输入的数据会决定执行顺序时，代码和数据之间的区别就更模糊了。比如，你输入的“数据”可能是一组指令代码。或者，这个数据可能是一种声明性编程语言，比如用来配置规则引擎或者甚至就是 XSLT。难道编码指令不是执行引擎上的数据吗？显然，二者之间的界限并不是非黑即白。

2.4.8 运行时与设计时

另一个有关配置的假设是，在完成代码的编写、测试和部署后，配置是可以更改的。就像我们前面看到的，这个假设并没有表示配置不需要测试。这个假设的言外之意是改动代码很慢（因为你需要重新构建和重新部署整个应用程序），而且风险很高（因为你可能会引入新的缺陷）。解释语言、微服务架构、自动化构建以及部署链为这些假设打上了问号。这并不是说配置毫无用处，但它说明现有的工具可以让我们完成原先使用配置处理的很多事项，而且不需要预先决策什么必须在程序构建时做决定，以及什么可以随后再做决定。所以，下一次再有供应商吹嘘配置有多好的时候，你可以挑战一下他们，让他们加快其软件交付模型的速度。

2.4.9 工具化

正如我们所看到的，在高层抽象上，配置和编程的界限是非常模糊的。当你认为自己是在编程时，你通常假设是有合适的工具支持，比如编辑器、语法校验、重构、版本控制、改动对比，等等。而这些工具在配置时通常是没有的。

比如，在设计消息传递架构时，通过命名消息通道连接起来的多个独立组件被组合到同一个方案里。“配置”文件能够决定组件从哪个通道接收消息，以及向哪个通道发送消息。把这种数据存放在本地 XML 文件中看起来很方便，但是很容易出现配置错误：组件间可能无法交互，比如因为通道名称配置错误或者组件链接顺序错误。组合消息传递系统不只是简单的文件配置，而是系统组合层上的高级编程模型。通过把配置文件提交到源代码控制系统并且创建相应的校验和管理工具，来平等对待配置文件和代码，这有助于调试和故障检测。复杂配置的一个主要问题就是缺乏配套工具。

2.4.10　配置化编程

我们必须要在**编程**和**配置**之间做出最终的选择，不过你放心，已经有人找到了组合的折中方案。在我们的例子里，这个组合方案就是**配置化编程**。这种方法提倡使用独立的配置语言来详细说明程序中粗粒度的结构。对于那些程序结构本身就很复杂的、并发、并行的分布式系统而言，配置化编程尤其具有吸引力。

2.4.11　配置还有用武之地吗

那么，配置还有用武之地吗？我见过非常恰当的配置使用，比如，把运行时参数注入到分布式的服务实例里。有意思的是，在这个例子里，配置参数是由函数化语言编写的程序计算出来的，该语言的名字叫作 Borg Configuration Language。因此我猜测，编程和配置之间的界限归根结底就是模糊的。

抽象是个非常有用的东西，但是请相信，仅仅靠使用抽象“配置”就可以降低复杂度或者不需要聘用开发人员都是很常见的谬论。相反，我们需要平等地看待配置和代码，它们都需要设计、测试、版本控制以及部署管理。否则，你只是为配置创建了一种专用的、设计糟糕的、没有配套工具支持的语言。

2.5 如果从不杀死任何系统，你就会被“僵尸”包围

而且它们会“吃掉你的脑仁”

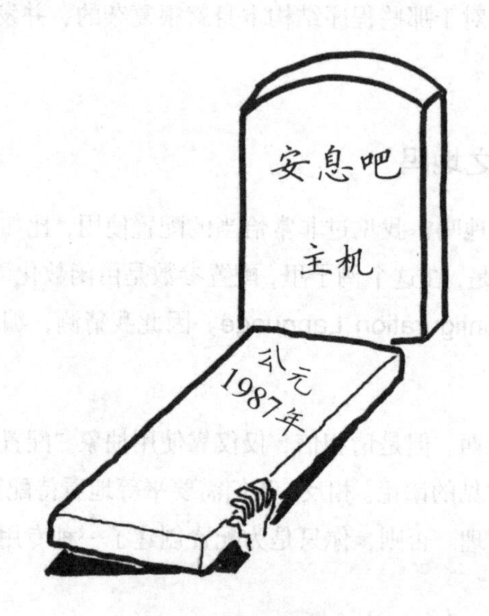

现存的遗留系统之夜

企业 IT 部门要应对很多“僵尸”系统，这些半死不活的旧系统让所有人畏而远之，而且也很难被彻底地清除。更糟糕的是，它们还会“吃掉 IT 人员的脑仁”①。这就像电影《僵尸肖恩》里的场景，当然，不包括那些搞笑的情节。

2.5.1 遗留系统

遗留系统都是基于过时的技术构建的，而且常常文档记录不足，但是，它们（表面上）依然发挥着重要的业务功能——很多情况下，没人能说清其确切的功能范围。系统通常会进入遗留状态，因为技术总是比业务发展得更快。通常，生命保障系统必须能够连续数十年维护数据和功能，所以构建系统时使用的很多技术都会过时。如果运气不错的话，这些系统不再需要升级，所以，按照流行的建议——“永远不碰运行中的系统”，IT 人员通常倾向于“就让系统这么运行着”。然而，在旧版的应用程序或者底层软件栈上改动规则或安全漏洞，很可能干扰系统。

有时，传统的 IT 人员会为“僵尸”系统辩护，说它们必须要支持业务。怎么可以关掉一个

① 作者想表达的是 IT 人员耗费了大量时间来思考如何应对僵尸系统。——译者注

业务可能需要的系统？他们还认为数字化公司没有遗留系统累积的问题，因为这些公司还没成立多少年。有 150 名谷歌开发人员参加了 Mike Feathers 关于《修改代码的艺术》[1]一书的讲座，这可能会让我们质疑这些传统 IT 人员的假设。因为谷歌的系统演进迅速，其遗留系统的累积速度也会比传统 IT 部门更快，所以谷歌开发人员不可能没有遗留系统，他们必须要找到处理这些遗留系统的方法。

2.5.2　变更恐惧症

系统如果不随着技术演进，那么就会变成遗留的“僵尸”系统。发生这种情况是因为传统 IT 人员把变更看作风险。再提一遍他们的想法——“永远不碰运行中的系统”。这些系统的发布要经过长达数月的多轮测试，升级或者变更的成本很高。更糟糕的是，根本就没有升级系统所用技术的“业务案例”。这种广为流传的逻辑听起来就像是把更换车内机油看作浪费钱，毕竟即使你不更换机油，汽车依然可以行驶。这样做甚至可以让你的季度利润报表看起来更漂亮些，更确切地说，在发动机卡住之前。

瑞士信贷集团的一个团队写了一本命名贴切的图书 *Managed Evolution*[2]，书中描述了如何应对上述困境。受控演进的关键就是维持系统的灵活性。一个没人想碰的系统根本就没有灵活性，因为你无法改变它。在业务和技术都比较稳定的环境里，这种情况可能并不算糟糕。但当今的业务和技术环境日新月异，无法变更系统是企业 IT 和业务部门的一个主要责任。

凡事都有原因，企业 IT 人员害怕变更同样如此。这些组织通常缺乏密切观察产品指标并在出问题时快速部署修复的工具、流程和技能。因此，他们会选择在部署前尽量测试所有场景，然后多少有些“盲目”地让应用程序上线，同时祈祷着别出什么问题。Jeff Sussna 在其优秀著作 *Designing Delivery* 中很好地讲述了解决这个难题的必要性。

2.5.3　版本升级

但是，“僵尸”问题不仅仅存在于运行在 IBM/360 上的用 PL/1 编写的老旧系统里。通常升级基本的运行时基础设施，比如应用服务器、各种版本的 JDK、浏览器或者操作系统，都会吓到那些活在“黎明危机”[3]中的 IT 人员，他们会一直推迟版本升级，直到供应商停止支持服务。接下来他们的反应自然就是给供应商付款以延长支持周期，因为比起升级软件版本，其他任何事情引

① 此书已由人民邮电出版社出版，详见 https://www.ituring.com.cn/book/536。——编者注

② 参见 Bonati Murer 的著作，*Managed Evolution: A Strategy for Very Large Information Systems*。

③《黎明危机》（*The Living Daylights*）是一部 007 电影的名字，片中的主角所处的环境很凶险。——译者注

发的痛苦都不算什么。

还有一个常见的情况是，无法跨越软件栈的多个层次完成迁移，因为层次间是环环相扣的：无法升级到更新版本的JDK，因为它无法在当前版本的应用服务器上运行，而这个应用服务器又无法升级，因为它需要一个更新版本的操作系统，但这个版本的操作系统废弃了软件要依赖的某些库或者特性。我曾经看到有些IT部门一直在使用Internet Explorer 6，因为他们的软件使用了一个Internet Explorer 6之后的版本里都没有的特性。看着大多数企业应用程序的用户交互界面，你很难想象它们竟然还要依赖那么一点点浏览器能力。如果不是依赖于这种特有的特性，而是能够从浏览器的发展中获益，他们肯定会过得更好。然而，这种思考需要先具备“改变很好”的思维模式。

讽刺的是，在IT人员中广泛传播的**代码恐惧症**让他们采购大型框架，而这反过来又会让版本升级变得更困难，也增加了成为“僵尸”系统的可能性。任何做过SAP升级的人应该都会认同我的观点。

2.5.4 运行与变更

很多IT组织恐惧变更，这些组织将“运行”（运营）和“变更”（开发）分开，这就清楚地表明，运行软件并不意味着变更。准确地说，它还是变更的对立面，变更是由应用程序开发团队（就是那些编写古怪代码让IT人员害怕的家伙）完成的。这样组织IT团队，一定会让系统变得老旧并变成遗留系统，因为没有人改变它们。

有人可能会想，维持运行的系统不变，IT部门就能降低运营费用。讽刺的是，事实恰好相反：很多IT部门花费超过一半的经费来保障“运行”和“维护”，只留一点点预算给支持业务发展需求的“变更”。这是因为支持和运行遗留应用程序的成本非常高：操作过程通常是手动的；软件可能不稳定，需要持续的关注；软件的可扩展性可能也不够好，需要采购昂贵的硬件；由于缺少文档，所以在出现问题时，需要花费大量时间反复试错来诊断问题。这就是为什么遗留系统占用了IT人员宝贵的资源和技能，有效地消耗了IT人员的脑力，而这些脑力本应该用来完成更有用的任务，比如交付业务需要的特性。

2.5.5 按计划报废

在选择产品或者处理投标申请时，传统的IT部门往往会编制一个列表，包含几十甚至上百项候选产品必须具备的特性或者功能。通常，这些列表出自对业务需求或者公司IT策略一无所知的外部顾问之手。然而，这些顾问往往会创建长长的列表，因为对于某些 IT 人员而言，似乎列表越长越好。这就好像用一个超级冗长的列表来评估一辆汽车，这个列表里都是些或多或少（并不）相关的特性，如“必须要有 12 伏的点烟器”“速度表可以显示 200 千米/时以上的速度”“前轮要能转向”等，然后你用这个列表来给宝马和奔驰对比打分。使用这样的列表进行评估会引导你选择最喜欢的车吗？对此我表示怀疑。

更糟糕的是，一个项目竟然从这个“特性”清单里消失了，它就是按计划报废。替换该系统容易吗？数据可以用良好的格式导出吗？为了避免供应商锁定，业务逻辑能抽取出来并在替换系统里重用吗？在新产品采购的蜜月期讨论这些，有点像在婚礼前讨论婚前协议——在即将踏上相伴一生的旅途时，有人会喜欢讨论分手方式吗？但是，在采购 IT 系统时，你最好不要希望和供应商的产品相伴一生——系统本来就要更新换代。所以，最好有一个事前协议，以免在后面要结束合作关系时遭到系统（或者供应商）“挟持”。

2.5.6　如果疼，就多做几次

如何打破“变更不好”的恶性循环？正如前面提到的，没有恰当的指标化和自动化，变更不仅令人恐惧，也的确充满风险。不愿意升级或者更新软件与不愿意经常构建和测试软件类似。Martin Fowler 给出了打破这种循环的好建议，即“如果疼，就多做几次”。这不是叫 IT 人员自虐，而是强调了把一个令人痛苦的任务延迟通常会带来更多的痛苦。如果你已有好几个月没有构建自己的源代码，我敢肯定它无法顺利运行。同样，如果应用服务器落后了 3 个版本，你肯定会坠入版本更新的“地狱”。

高频率地执行这些任务会迫使 IT 人员将一些流程自动化，比如使用一整套自动构建或者测试工具。处理迁移问题也会变成日常工作。这也是为什么需要把应急人员的培训常态化，否则，紧急情况发生时，他们会崩溃，起不到任何作用。当然，训练需要时间和精力。但是，还有其他选择吗？

2.5.7　拥抱变更的文化

数字化公司也必须处理变更和报废。谷歌公司有个笑话，说的是每个 API 都有两个版本：一个已经过时了，另一个还没有完全准备好。实际上，这不仅不是个笑话，而且非常接近实际情况。处理这种情况常常很痛苦，因为依赖项的变更会让你写的每句代码随时有可能出错。但是这种拥抱变更的文化让谷歌**紧跟时代的步伐**——这也是当今 IT 组织最重要的 IT 能力。可悲的是，这很少会被列为一个业绩指标。连肖恩都知道僵尸根本就跑不快。

2.6 平面的 IT 世界

如果没有地图，每条路看起来都可行

中国

地图是非常有用的工具，即使大多数地图（尤其是世界地图）实际上有很大程度的失真。在纸张上标绘球面的根本性挑战使得地图必须在描绘角度、尺寸和距离时做出折中——如果地球是平的，那就好办了。比如，历史上很流行的**麦卡托投影法**为航海家提供了真实的角度数据，也就是说，你可以从地图上读取角度数据并直接用在船上的罗盘上（弥补了地磁北和地理北的差值）。避免角度扭曲能够提供一定的便利，但也有代价，这个代价就是面积失真——距离赤道越远的国家，在地图上看起来越大。这也是为什么**非洲在这种地图上看起来不成比例地小**。但这样的折中也许是可以接受的，因为当在海上行船时，相比于航向错误，距离估算错误不算什么严重的问题。

在纸张上标绘球面的另一个挑战是，确定“中心点”在哪儿。大多数地图把欧洲作为中心，因为 0 度经线（**本初子午线**）从英国的格林尼治穿过。这种标绘会让亚洲看起来位于“东方”，美洲位于“西方”。细心的观察者很快就会发现，在球体上的东西方概念取决于观察的角度。历史上，东亚居民很可能按照同样的思路，把自己的国家放置在地图的中心位置。

虽然在很多个世纪后，我们可能认为这种世界观是以自我为中心的或者不平衡的，但在当时的情况下，这种世界观是具有实际意义的。对自身周边的地方更加熟悉，你会很自然地把它看作地图的中心点。这也意味着，“你”的地图边界和你在地球上所能到达的地方是一致的。

在企业 IT 环境里，浏览不同技术和产品的全景图就好像在令人生畏的好望角航行一样。即使企业间的 IT 全景图都有些相似，但各个企业往往居住在各自略有不同的星球上。这会导致通用的 IT 世界地图很难成型。因此，除了一些如 **Matt Turck 制作的大数据全景图**等有用的尝试外，企业架构师通常会依赖于供应商提供的“地图”。

2.6.1　失真的供应商地图

作为大型公司的首席架构师，你很快就会结识很多新朋友：客户经理、（售前）方案架构师、销售主管，等等。不要责怪他们，向跟你的公司一样严重依赖外部硬件、软件和服务的大型企业销售产品是他们的本职工作。大多数企业也不应该自己构建那些无法带来差异化竞争力的系统。对于他们而言，优秀的会计系统就像电力一样宝贵——重要但是无法带来任何竞争优势。所以，就像你不太可能从自有发电厂受益一样，你也应该避免去构建自有的会计系统。

企业供应商也是一个很重要的信息来源，特别是对于架构师而言。我非常喜欢和一些供应商的资深技术人员交谈。然而，你必须牢记，供应商提供给你的信息通常受到了其世界观的影响。大多数企业供应商往往把自己放在了地图的中心，允许边缘地区有一定程度的失真。他们非常开心能把自己的地盘绘制得不合比例地大。因此，大型企业里的 IT 架构师必须形成自己完整且平衡的技术世界观，这样他们才能在企业架构和 IT 转型的危险海域中安全地航行。

我经常开玩笑说，如果你对车一无所知，那么只要和某个德国汽车制造商聊过，你就会坚信，发动机盖上的星形车标是汽车的最典型特征。这并不是欺骗，因为这家公司制造的车很棒，而且的确用特有的星形车标。

绝大部分的失真是当事人成长环境的副产品。如果你在开发数据库，数据库自然会是任何应用程序的中心——毕竟那就是存放数据的地方。服务器和存储硬件被看作**数据库一体机**中的一部分，应用程序的业务逻辑只是用来为数据库**提供数据**的。相反，如果你是制造存储设备的，那么所有其他的一切就都只是要存储的数据，数据库也会被划在一个宽泛的“中间层”里。这就像第一次去澳大利亚的时候，我认为很快就会到新西兰，因为我一直认为这两个国家非常近。当我意识到从墨尔本去奥克兰还需要 3 个半小时的飞行后，这就证实了我的世界地图也是失真的。

2.6.2　在你的地图上标绘产品

为了避免落入“发动机盖上的星形车标”或者“都是数据库”的陷阱，重要的是，架构团队首先要制作出自有的、不失真的 IT 全景图——对于**企业架构师**而言这是个很棒的练习。可以从新产品应该放置的地方开始。幸运的是，IT 世界是平的，所以把它绘制在一个白板或者一张纸上会稍微容易一些。这个 IT 世界地图会让你获得更好且产品中立的理解，比如，它能说明汽车的传动系统可能比发动机盖上的徽章更重要。

绘制这样一幅地图需要你把从不同源头（如供应商、博客、行业分析报告等）得来的失真信息拼合起来。传统 IT 企业的架构师可能习惯于简单地咨询两三个有技术能力的企业供应商，并从他们那里获取现成的地图。但是，在数字时代，这种方式已经行不通了，因为创新节奏通常比供应商的产品路线图更快。

现今的IT架构中经常使用时髦术语和产品名称。把一个大数据系统的架构描述为“Oracle”不再比把房屋架构声明为“Ytong”[①]有用了。比起架构的具体组成部分，架构应该更加关注如何把它们组合为整体。这就是**不要只看线框，也要关注线框之间的连线**（参见3.7节）非常重要的原因。

我的一位同事最近针对应用程序监控主题练习地图绘制。黑盒监控、白盒监控、故障修复、日志分析、警告，以及预测式监控，这些技术各有不同，但它们在应用程序监控方案内相互关联。很多供应商还会包含性能优化，因为这是他们的传统。你同意吗？或者说性能优化就应该是开发工具链上的一环？这样想才说明你是在企业里做架构！我甚至想起了**参考架构**[②]这个词，尽管我感觉它们绝大多数应该在底部印有如“如有雷同，实属巧合”之类的免责声明。

讽刺的是，传统的IT管理者认为，这么有价值的标绘自有世界地图的练习“太过学究气”。这种批评让我发笑，特别是在德国的IT环境里，博士特别多（在任何技术专业里都不是必需的），而且他们把“博士”作为其名字的一部分。如果把“实用主义”翻译为“随便主义”，我也宁愿加入学术阵营，因为公司聘请我是来思考和做规划的，不是来和供应商玩产品乐透游戏的。

2.6.3 绘制版图

关于搭建门户网站的一段对话生动地展示了在没有好地图的情况下讨论产品定位到底有多难。当一位本地IT经理指出缺乏说明如何配置端口转发的文档时，方案架构师回复说网络服务器根本就不是方案的一部分。本地IT部门使用F5的一个产品提供了端口转发的功能，而F5本身还包含了负载均衡、反向代理、身份验证，等等。显然，F5并不是一个网络服务器。接下来的对话中出现了更多的困惑和争论。为了澄清混淆，有人需要提供大家公认的“地形走向图”，在这个例子中就是**应用程序交付控制器**（Application Delivery Controller，ADC）这个概念。它是一个负责管理网络流量的组件，包括了反向代理、负载均衡和端口转发等功能。最简单的情况是，你可以把一个网络服务器当作ADC，或者也可以购买如F5这样的集成化产品。最后，IT经理和方案架构师虽然在讨论地图上的同一个地方，却因为使用不一致的词汇而让彼此迷惑不解。

---

① Ytong是欧洲中部建筑使用的一种非常流行的加气混凝土砖的品牌名。

② 作者想表达的是，大多数架构只是直接参考别人的，或许只会做一丁点儿改动。——译者注

2.6.4 产品理念

在制作完自己的基准地图后，我更喜欢和供应商的高级技术人员会面，如首席技术官，因为大多数“方案架构师”不过是挂了虚名的技术销售人员。高级技术人员总会有“保镖”相伴，即客户经理，这个角色在剧本中的第一页会有这样的台词：“请帮助我们理解一下你们的环境”，大概意思就是“请告诉我们应该卖给你什么产品”。在这种会面中，我通常会抢先直接询问高级技术人员有关他们产品理念的问题，也就是说，他们的产品基于什么样的基本假设和决策。通过询问供应商这种必须在开发产品时就解决的最棘手问题，你可以更多地了解他们所强调的理念。当然，这种方法仅在对方真正从事产品开发工作时才有效。

比如，当和某个企业供应商交谈时，你能清楚地发现，使用产品但不能访问源代码是他们的一个关键利益点。如果你在那种把**“运行”和“变更”分隔开**（参见 2.5 节）的组织里工作，从运营角度来看待这个问题，这的确是个很有用的特性。然而，在一个你能轻松访问源代码、开发团队也能深度参与运营的环境里，这种提供产品的方式就没有多大价值了，并且最终你可能会为自己不需要的东西买单。

这不是说要测试供应商的产品，而是要弄清楚你和他们的产品理念是否一致。架构中很少有绝对的对错——绝大多数有一定的折中。比如，我有一个大家都很熟悉的理念：一门优秀的编程语言和一个严格的软件开发生命周期（Software Development Lifecycle，SDLC）就可以打败**“人人都可以做”的配置**（参见 2.4 节）。这是因为我是以软件工程师的思维模式思考的。其他人也许很高兴无须处理 `git stash` 命令以及编译错误。所以，更重要的是判断价值体系是否一致，而不是去评判对错。我还经常看这些公司的领导层介绍页或者公司历史介绍来了解“他们的背景”。

一旦确信供应商产品和我的价值体系是“兼容”的，我会很想看看如何才能把该产品适配进我们的全景图里。有时候，我会把产品在 IT 全景图中的定位看作玩俄罗斯方块游戏，“最好”的方块形状取决于你迄今为止已经构建的基础——它从来都不是一个绝对或者全新的讨论。

2.6.5 制图标准

大多数大型 IT 组织会通过一个标准组来**管控他们的产品组合**，这样可以降低多元化并收获规模经济，比如通过限制购买力。定义标准意味着通过特定的产品选择来填补战略需求（或者空白）。因此，你需要一幅“世界地图”，通过它，你可以识别空白并确定如何使用产品填补它们。有些产品可能无法填满空白，而其他产品可能和很多已有的方案有很大的重叠。

比如，一个组织可能有3种数据库标准（是的，通常你会有疑问）以及6种存储标准。为了更清晰地理解这些数字，你需要首先确定是否区分关系型数据库和非关系型数据库，如果区分，你是否区分文档数据库和图形数据库。你还需要给出每种数据库类型应用场景的指导方针。只有这样做了之后，你才可以考虑产品。在拜访汽车经销商之前，你应该清楚自己想买的是小型货车还是两座跑车。你还可以直接参观保时捷公司——他们现在似乎什么车都生产。

对于存储，你需要区分存储区域网络（Storage Area Network，SAN）和网络附加存储（Network Attached Storage，NAS），还要区分备份存储（Backup Storage，BS）和直接附加存储（Direct Attached Storage，DAS）。你可能会看看HDFS（Hadoop文件系统）和融合存储[也称为“超融合”存储（Converged / Hyper-converged Storage，一个位于本地磁盘上的虚拟存储层）]。一旦你的IT世界地图能提供公共词汇表，你就可以开始把标准产品绘制到地图中相应的“国家”（或者其他你想使用的类比）上。

2.6.6 版图迁移

尽管真正的世界是相对静止的（大陆漂移得非常缓慢，而且自20世纪90年代起，国际形势变化的趋势已经慢了一些①），IT世界却以前所未有的速度变化着，新的技术趋势也带来了新的标准和流行词。然而，对于一个公司而言，很难改变自己的产品理念。因此，你会发现很多旧有产品披上了一层新外衣。作为架构师，你的工作就是要看穿这些光鲜亮丽的外衣，检查这些产品里面是否有锈点或填充物。

① 作者想表达的是国际形势的变化会影响地图绘制。——译者注

2.7　永远不要派人去干机器的活

让一切自动化。不能自动化的，就做成自助服务

让机器干人的活

谁会想到一个人能从电影《黑客帝国》三部曲中学到这么多有关大规模 IT 架构的知识呢？要知道整个帝国都是由机器控制运行的，但是，如果能从里面学到一些系统设计的智慧，我们完全不应该感到惊讶。和塞弗交易之后，史密斯探员教会我们，永远不要派人去干机器的活。塞弗是墨菲斯的一个人类船员，他最后的背叛让老板的计划功亏一篑。

2.7.1　让一切自动化

一个颇具讽刺意味的事实是，以自动化业务流程为目标而构建的企业 IT 部门本身却常常没有自动化。在公司工作的早期，当说出我的策略是"让一切自动化，不能自动化的部分就做成自助服务"时，我让一大群基础设施架构师感到震惊。他们的反应各不相同，有人困惑，有人怀疑，甚至有人还有些恼怒。而实际上，我所说的是亚马逊已经在执行的策略。他们已经彻底变革了人们获取和访问 IT 基础设施的方式，也吸引了这个行业的顶尖人才来构建这样的基础设施。如果企业 IT 部门想要跟上时代步伐，这就是他们应该思考的方式！

2.7.2　这不只和效率相关

就像测试驱动开发不是一种测试技术（它主要是一种设计技术）一样，自动化也不只和效率

相关，而主要和可重复性以及弹性相关。一个供应商的架构师曾经说过，不应该为那些不常执行的任务实现自动化，因为这在经济上不可行。大致来说，供应商做出这样的推断，是因为实现自动化会比手动完成任务花费更多的时间（也许他们签署的是个定价合同）。

我从可重复性和可追溯性角度对他的观点进行了反驳。只要人工介入，就必然会发生错误，而且将在没有合适的文档记录可循的情况下临时完成工作。这就是为什么不该派人去干机器的活。而且实际上，人工完成这种不经常执行的任务的出错率很可能是最高的，因为操作者缺乏日常练习。

另外一个反例是灾难场景和服务中断。大家都不希望它们频繁发生，但是当它们的确发生时，系统最好能够完全自动地确保自身能尽快恢复到一个稳定的运行状态。这里经济上的考虑不应该是节省人工，而是在中断期间让业务损失最小化，因为业务损失要比人工成本高出很多。要领会这种思考方式，你需要理解**速度经济**（参见5.3节）的概念。否则，你可能也会认为应该把企业的专用消防设备用铁链捆起来，因为大楼很少发生火灾，所以这些消防车和消防泵从经济角度看纯属浪费。

2.7.3 可重复性能够提振信心

我完成任务自动化时，最大的即时收获通常是信心的提振。比如，当我用能够在Leanpub网站上渲染的Markdown撰写这本书时，我需要维护两个有些许不同的版本：电子版的章节索引使用超链接，而印刷版的则使用章节号。很快我就对手动切换两种格式感到厌烦了，然后我编写了两个简单的脚本，它们可以在电子版和印刷版间轻松切换。因为做起来也很容易，所以我还对脚本做了幂等化，这就意味着即使重复运行脚本很多次也不会对稿件造成破坏。有这些脚本在手，我再也不用操心格式之间的切换，因为我确信不会有错误发生。自动化能够把我们从重复的工作中彻底解放出来，因此可以显著提高工作效率。

2.7.4 自助服务

一旦将事情完全自动化，用户就可以直接在一个自助服务门户执行公共的程序了。为了提供必要的参数，比如服务器大小，用户必须非常清楚他们要订购什么。亚马逊的网络服务（AWS）就是个很好的榜样，它提供了直观的用户界面，不仅能给出你的服务器可以通过世界上任何一台计算机进行访问的提示，甚至还可以检测出你的IP地址来限制访问。与此形成鲜明对比的一个反例是，使用电子表格作为订购Linux服务器的“用户界面”，我被告知只需要从已有服务器上复制网络配置即可，因为不管怎样我也不能理解自己到底需要的是什么。对于那些长期工作在幕后的基础设施工程师而言，设计优秀的用户界面是一项很有挑战性但也非常有价值的练习。这也是一个很好的机会，他们可以**展示海盗船**（参见 3.4 节），这要比看到一堆用来拼装海盗船的积木块更令人兴奋。

自助服务并不意味着可以随意改动基础设施。就像自助餐厅依然需要收银员一样，用户的变更请求也需要进行校验和批准。然而，与人工对以自由格式文本或者 Excel 电子表格形式提交的请求进行重新编码不同，审批工作流只需将请求的变更推送到产品里，无须进一步的人工干涉且不可能出错。自助服务也能减少输入错误：因为自由格式文本或者 Excel 电子表格很少会做数据校验，所以输入错误要么需要通过冗长的邮件来回讨论，要么会被直接忽略。自动化方式则可以立即给用户反馈，确保订单确实反映了用户的需求。

2.7.5　超越自助服务

配置变更请求最好能提交到源代码仓库里，而源代码仓库可以通过**拉请求**和**合并**操作来处理变更的批准，获得批准的变更会自动部署到产品里。源代码控制一直以来都能通过评审和批准过程（包括注释和审计跟踪）很好地处理大量复杂的变更。我们也应该利用这些流程来处理配置变更，这样我们也能开始**像软件工程师一样思考**（参见 2.8 节）。

大多数企业软件供应商推崇图形用户界面，因为它易于使用并且可以降低成本。然而，在大规模操作中，情况恰恰相反，因为用户界面上的手动入口很麻烦并且容易出错，特别是对重复性的请求和复杂的设置而言。如果需要 10 台配置有些许不同的服务器，你愿意手动输入 10 次配置数据吗？因此，全自动化的配置应该通过调用 API 来完成，而且这还可以集成到其他系统里或者作为更高层次自动化脚本的一部分。

允许用户明确指出他们想要什么，并且快速、高质量地提供给用户，这似乎是个皆大欢喜的场景。然而，在数字化世界里，事情还可以做得更好。比如，谷歌的“零点击搜索”倡议，也就是后来的“Google Now”，认为即使是一次点击也是用户的负担，特别是在移动设备上。系统应该预测用户的需求，并且在用户提问前就给出答案。就好像你去麦当劳时，发现最爱的快乐套餐已经在柜台上翘首以盼地等待你了。这才是真正的客户服务！在 IT 世界里，一个同样好的服务可能就是自动扩展，它让基础设施在高负载的情况下无须人工介入就能自动提供额外的容量。

2.7.6　自动化不是单行道

自动化通常关注自顶向下的部分，比如，基于用户的订单或者更高层次组件的需要来配置低层次的设备。然而，后面我们会学到，只要有人介入，**控制就是假象**（参见 4.1 节），这种“控制”需要双向沟通，包括理解系统的当前状态：当房间太热时，你想要控制系统打开空调而不是加热器。在 IT 自动化的场景里也一样：在弄清楚要订购什么硬件或者要变更什么网络配置前，你很可能需要先检查一下当前的状态。因此，完全清晰透明的现有系统结构和无歧义的词汇表非常重要。举个最近的例子。我们花了几周去理解数据中心是否还有足够的容量来部署一个新的应用程序。如果需要花费几周才能弄清楚系统的当前状态，所有对订购流程的自动化都会毫无用处。

2.7.7 显性知识才是好知识

隐性知识是指没有文档化或者编码、只存在于雇员脑中的知识。这些没有文档化的知识可能是大型或者快速成长型组织的一笔很大的开销，因为它们很容易丢失，新的雇员需要重新学习这些组织已经知道的知识。对只存在于雇员脑中的隐性知识进行编码，写入脚本、工具或者源代码里，就能让这些流程变得可见，更利于知识的传递。隐性知识对于任何管理部门来说也是个痛点，因为这些管理部门的工作就是确保他们所管辖行业的业务能够按照明确定义的且可重复的指导原则和程序运作。全自动化不仅能迫使这些流程的定义变得明确可见，也能消除那些在手动流程中没有被记录的规则和不希望看到的变数。讽刺的是，传统 IT 部门经常会为了保持“运行”和“变更”职责分离而坚持保留手动步骤，却忽略了批准变更和手动实施变更根本就不是一回事。

2.7.8 人的用武之地

如果我们将一切自动化了，那我们人类还有用武之地吗？计算机更擅长执行重复性的任务，虽然人类已经无法在围棋的博弈中保持不败，但是人类在创新和创意、设计和自动化方面依然是无可取代的。我们应该坚持这种职责分离，让机器去完成重复性的任务，不要害怕天网随时会接管整个世界。

2.8 如果软件吞没了整个世界，最好使用版本控制

随着基础设施变成软件定义的，你需要像软件开发人员一样思考

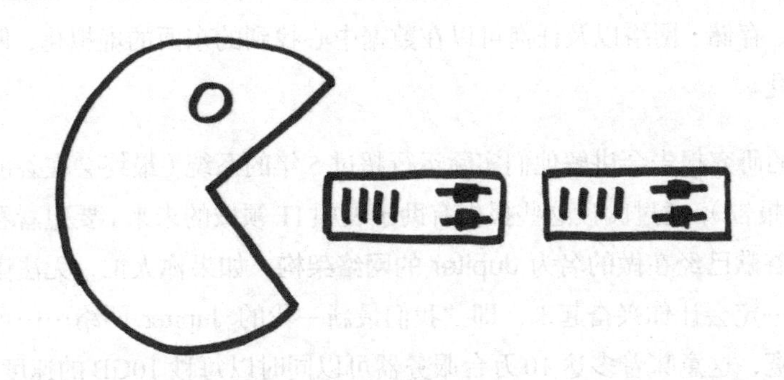

软件吞没了基础设施

如果软件真的会吞没整个世界，那么 IT 基础设施会成为它的早点。快速发展的基础设施虚拟化，从虚拟机和容器到所谓的 lambda 和无服务器架构，已经把在硬件上直接部署代码变成了纯粹的软件问题。企业 IT 部门的**代码恐惧症**以及对现代开发生命周期的陌生感可能会成为一个危险的问题。

2.8.1 SDX——软件定义一切

很多传统的 IT 基础设施要么是纯硬件实现，要么是半手动配置的。服务器在机架上用电缆连接，网络路由器是用工具或者配置文件手工配置的。运营人员还给这些设备起了一个“金属”的爱称，这代表了他们通常对目前的这种状态很满意，因为这样做可以让程序员远离关键的基础设施，而基础设施最不需要的是漏洞和诸如“敏捷”开发之类的东西，敏捷仍然被广泛误解为随便做点什么然后期待得到最好的结果。

但是，情况一直在快速变化中，当然，这是好事。持续的基础设施虚拟化让以前需要通过卡车运送或者手动连接获取的资源通过调用 OpenStack API 即可获取。这就好像本来需要去汽车销售商那里讨价还价，然后足足等待 4 个月才拿到车，结果却发现自己应该买的是有豪华座椅的那款，而如今你只要在手机上定位 Zipcar 或 DriveNow，不出 3 分钟就可以开着自己满意的车离开。虚拟化的基础设施是保持可扩展性和满足数字化应用程序的发展需求的基本要素。如果需要 4 周才能获得服务器，然后还需要 4 个月才能把业务部署在正确的网段上，你就无法基于敏捷模型来

运营业务。

操作系统级别的虚拟化并不是个新的发明，但是“软件定义”的趋势已经扩展到了**软件定义网络**（Software Defined Network，SDN），以及完全成熟的**软件定义数据中心**（Software Defined Data Center，SDDC）。如果这还不够，你可以选择用**软件定义一切**（Software Defined Anything，SDX），它包括了对计算、存储、网络以及任何可以在数据中心找到的东西的虚拟化，但愿是以某种协调的方式进行虚拟化。

通常，谷歌的研究报告会讲解他们实际运行超过5年的系统（最终会在谷歌的集群管理系统Borg上发布正式报告），通过阅读这些报告有助于展望IT领域的未来。要想看看软件定义网络的趋势，那就看看谷歌已经在做的名为**Jupiter的网络架构**。如果你太忙，无法读完整篇报告，那么其中的两句话一定会让你兴奋起来，即“我们最新一代的Jupiter网络……可以提供超过每秒1PB的总对分带宽，这意味着多达10万台服务器可以同时以每秒10GB的速度任意相互通信”。而这只有通过基于应用程序需求配置的网络基础设施才可以实现，也被视为整体基础设施虚拟化的一个必不可少的组成部分。

2.8.2 纺纱工的暴动

新工具需要新的思考方式，否则就不会发挥作用。有句古话是“傻子有了工具还是傻子”。实际上，我不喜欢这句话，因为不熟悉新的工具和思考方式并不代表你是个傻子。比如，很多基础设施和运营人员脱离了当代的软件开发方式，但无论如何这也不会让他们变成傻子，只是会阻碍他们进入“软件定义”的世界。他们可能从来没有听说过单元测试、持续集成或者构建管道。他们可能被误导，把“敏捷”看作“随便”的同义词，也没有足够的时间得出如下的结论：不变性是个基本特性，而从头构建或重新生成一个组件要优于增量变更。

结果，虽然运营团队成为了需要更快的变革周期的IT生态系统中的一个瓶颈，但他们通常没有准备好把手中的活儿移交给“应用程序开发人员”，这些应用程序开发人员能够写出用软件定义一切的脚本。

有人可能会认为这种行为和纺纱工暴动[①]类似，因为软件定义基础设施的经济利润太可观了，没有人愿意去阻止它。同时，让运营团队参与进来也很重要，因为他们对现有系统的理解最深刻。因此，我们不能忽略这种困境。

① 第一次工业革命中，珍妮纺纱机的发明让当时的很多手动纺纱工不满，并发动了一场暴动。作者在这里想表达的是，运营团队有些像手动纺纱工，可能会对软件化的趋势不满。——译者注

向每个人解释**什么是代码**肯定是正确的一步。就像我经常说的那样："如果软件会吞没整个世界，那么人们会分为两种，即告诉机器要做什么的人和听从机器指令的人。"另一步是设立更多的会编码的资深管理角色模型。但是，要在软件定义的世界里成功生存，并不是简单地学习编写代码或者脚本就可以。

2.8.3　像软件工程师一样思考

当我们给供应商解释可逆性需求的时候，也需要改变思考方式：如果配置不工作，就需要迅速恢复到最近的已知稳定状态，以便尽快恢复。如果采用手动更新的方式，即使在最佳的情况下，这也很难并且很耗时，但在软件定义且全自动化的世界里很容易做到。供应商反对说，要获得这样的能力，需要为每个可能的动作都提供显式的"撤销"脚本，而这会导致自动化变得昂贵和复杂。

他们的回答说明了很多基础设施团队仍然没有像软件开发人员那样思考。经验丰富的软件开发人员知道，如果自动化构建系统能从头开始构建某个东西，比如一个二进制镜像或者配置片段，它们就能轻易恢复到上一个版本，而无须撤销任何操作。它们将版本控制重置为上个已知的正常版本，从头构建，然后重新发布这个"撤销了变更"的配置。软件构建流程只是简单地重做而不是撤销，因为这些流程认为软件的生命周期是短暂的。由软件定义的基础设施的生命周期也可以变得短暂。这是一种思维模式上的巨大转变，特别是你还在考虑所有硬件的年度折旧成本时，但是，只有这样思考才能体现出软件定义的真正好处。

在复杂的软件工程里，回滚是个十分常见的过程，在自动化测试失败导致构建变"红"后，所谓的"构建警察"通常会要求进行相应的回滚。"构建警察"会要求提交错误代码的开发人员快速修复或者简单地回滚刚才的代码提交。配置自动化工具也有类似的恢复到已知稳定状态的能力，可以用来回滚和自动化基础设施的重新配置。

2.8.4　使用构建管道

软件定义的基础设施避开了"雪花"或"宠物"服务器的概念，这种服务器已经运行了很久，没有重新安装过，具有独特的配置[①]，必须小心翼翼地手动维护。"这个服务器已经运行两年了"，这样的大话里却隐含着风险：如果服务器真的宕机了，谁能重建它？在软件定义的世界，服务器或者网络组件能够轻松地自动重新配置或重新创建，类似于重新创建一个 Java 构建程序。你不用再害怕把服务器实例搞乱，因为通过软件重建它花不了你几分钟。因此，软件定义的基础设施

① 就像每片雪花都是独一无二的一样，"雪花服务器"就是那些没有按照标准配置的服务器。

不仅是通过软件替换硬件配置，而主要是要适配一个严格的开发生命周期，在这个周期里，要循规蹈矩地进行开发、自动化测试以及持续集成。在过去的几十年里，软件团队已经学会如何在保持质量的同时快速前进。把硬件问题转化成软件问题，能够让你利用这些知识。

2.8.5 质量检验自动化

下面是关于谷歌的另一个例子。多年前，路由器是基础设施里最关键的部件之一，它可以基于 URL 路径或者子域名把传入的流量路由到正确的服务实例上。比如，如果你访问谷歌地图网站，路由器会把你的 HTTP 请求路由到实际提供地图数据的服务实例上，而不是路由到搜索页面。这个路由是通过一个包含数百个正则表达式的文件进行配置的。当然，这个文件处于版本控制之下，它也应该是这样的。

虽然提议的变更需要经过代码分支所有者的审查，但还是无法避免有人提交了错误配置的情况，而这立即会导致大多数的谷歌服务瘫痪，因为后续的请求无法路由到相应的服务实例上了。谷歌的解决办法不是一劳永逸地拒绝对这个配置文件的任何修改，因为这样会减慢速度。相反，问题很快通过回滚得到了解决，因为配置文件处于版本控制之下，只需恢复到上一个版本就好。此外，谷歌在代码提交管道里实现了额外的自动化检查，以确保在代码被提交到仓库之前检查出语法错误或者不合法的正则表达式，而不是等到把代码部署到正式产品中后才发现其中的错误。在使用软件定义的基础设施时，你需要像在专业的软件开发中那样工作。

2.8.6 合适的语言

有人很好奇谷歌公司没人使用如“大数据”“云”或者“软件定义数据中心”等流行词，那是因为在行业分析师创造这些词之前，谷歌就已经很好地实现了它们。谷歌的很多基础设施早在10 年前就已经是软件定义了的。在数据中心部署很多计算任务时，每个进程实例必须通过只有些许变化的参数进行配置。比如，前端 1~4 可能都连接后端 A，而前端 5~7 都连接着后端 B。为每个实例都维护一个单独的配置文件，这不仅麻烦而且容易出错，特别是在系统规模扩展和收缩时。相反，谷歌团队使用一种名为 BCL 的定义良好的函数式语言来生成配置，这种语言支持模板、数值继承以及诸如`map()`等可以很方便地操作值列表的内置功能。

不是每个人都愿意为了避免坠入配置文件的陷阱（参见 2.4 节），而学习一门自定义函数式语言来描述部署描述符。当配置程序变得更加复杂时，对配置进行测试和调试也会变成问题。为此，软件开发人员编写了一个可交互的表达式计算器以及单元测试工具。这就是软件开发人员解决问题的方式：用软件解决软件问题。

BCL 的例子强调了真实的软件定义系统的样子：定义良好的语言和工具能让基础设施成为软件开发生命周期的一部分。供应商经常喜欢炫耀用于基础设施配置的图形用户界面，而实际上应该禁止使用图形用户界面，因为它们不能很好地集成到软件生命周期里，不可测试，而且容易出错。

2.8.7 软件吞没世界，一次一个修订

软件定义不只是编写一些脚本或者配置文件，而是把基础设施变成软件开发生命周期 SDLC 的一部分。首先，确保你的软件开发生命周期足够短，同时要足够严格、自动化，还需要确保质量。其次，要把这种思考方式应用到软件定义的基础设施上。否则，你可能会在软件定义的世界末日（Software Defined Armageddon，SDA）[1]死去。

---

① 这是作者的一个幽默表达，实际的软件定义概念里并没有 SDA。——译者注

第3章 沟通

架构师并没有离群索居。他们的工作就是从不同部门收集信息、阐明条理清晰的战略、沟通决策以及从组织的各个层级获得支持。因此，对于架构师而言，沟通是最重要的技能。但是，向各种受众传达技术内容是很有挑战性的，因为很多传统的演示或者写作技巧都不适用于技术性很强的主题。比如，带有引人注目的照片和少量配文的幻灯片可能会引起大家的注意，但对于详细解释云计算平台战略帮助不大。

无法理解，就无法管理

“你无法管理你无法衡量的东西”是一句常见的管理名言。然而，为了让衡量结果有意义，首先你必须理解所管理的系统的运作原理。否则，你会不明白衡量结果的含义，也不清楚应该利用哪个杠杆来影响系统行为（参见 2.3 节）。

如今，技术风暴已侵袭了各行各业。对于决策者而言，理解所管理的系统变成了一大挑战。虽然没人期望企业主管会亲自编码实现技术方案，但是在 IT 系统无法满足业务需求时，如果企业主管忽视了技术演进和技术能力，一定会导致错失商业机遇或者业绩低于预期。在当今这个要求比以往更快地交付高质量功能的数字世界，只按照时间表、人力资源和资金预算来管理复杂的技术工程，已经行不通了。

架构师必须清晰地阐述技术决策对业务的影响，比如，对开发和运营成本、灵活性或者上市时间等的影响，帮助缩小技术人员和高层决策者之间理解的差异。不过不仅仅是业务人员会面临理解复杂技术的挑战，甚至架构师和开发人员也可能无法理解复杂技术方案的所有方面，因此他们也需要依赖易于理解同时又能准确描述架构决策及其影响的描述。

获得关注

技术材料可能是令人激动的，不过讽刺的是，大多数情况下，只对演示者而言是这样，对观众来说却不尽然。在一场有关代码度量或者数据中心基础设施的冗长演示中，即使是最热情的观众也很难始终保持全神贯注。决策者不仅想看到残酷的现实，也想积极参与并支持你的提议。因此，架构师必须同时发挥左右脑的作用，不仅要让技术材料逻辑清晰，还要能讲得出引人入胜的精彩故事。

发布报告

我的团队发布过的技术决策报告获得过很多赞扬，但也受到过批评，比如“报告写得不错，但是我们需要让方案运行起来”，或者“看来架构师只会写文档”，等等。因此，你可能需要提醒人们，在大型组织里处理复杂系统时，文档能带来很多好处。

- **一致性**：在设计原则和决策上达成一致后撰写文档，可以提高决策的一致性，从而保持系统设计在概念上的完整性。
- **验证**：结构化的文档有助于识别设计上的缺失和不一致之处。
- **思路清晰**：你只能写出你所理解的东西。如果有人声称把想法写下来会耗费太多精力，我通常会质疑他们很可能从一开始就没有真正理解那些事情。
- **教育培训**：如果新的团队成员有优秀的文档可以参考，那么他们的工作效率会更高。
- **历史追溯**：在当时的环境和已知信息的条件下，一些决策是好的决策。文档化有助于理解这些背景信息都是什么。
- **干系人沟通**：架构文档能让各种干系人对主题有一致的理解。

有用的文档并不意味着要长篇大论，恰恰相反，我的团队发布的大多数技术文档不超过 5 页。

代码是文档吗

有些开发人员说源代码也是他们的文档。他们可能（在大多数情况下）是对的，只要所有受众都能访问和理解这些代码，而且有搜索等工具可用。基于代码自动生成图表和文档是很有用的技术，但它们很难为人们提供公认的全局信息，也无法解释它们做某事的原因，因为通常它们没有突出重点。因此，辨别什么是“有趣的”或者“值得关注的”，在很大程度上还是一个需要人类来完成的任务。

选用恰当的词

撰写技术文档很难，用户手册就是个例子。如果我们可以将用户手册称为文学作品的话，那么它一定会排在最受人嘲笑的文学作品之列。如果要比较谁更缺乏同理心，也许只有税务表格说明书有过之而无不及。因此，架构师必须能够让读者兴奋起来，这些读者已经被写得很糟糕的手册折磨很多年了，除了偶尔读读呆伯特漫画[①]，他们可能不想阅读任何技术材料了。技术作家的目标不应是争取获得普利策奖，而是应该仔细斟酌词句结构来帮助读者理解概念。如果关键信息都被埋在乱七八糟的文档里，只说一句“你要的都在文档里”，对读者并无半点帮助。

沟通工具

这一章会列举一些技术沟通的挑战，也会给出战胜这些挑战的建议。

- 技术信息是相当复杂的。要帮助管理层理解复杂技术主题，你需要**为他们搭一个平缓的“斜坡”**。
- 人们都很忙。你不能指望他们会逐字逐句地阅读你的文档，因此要**让他们能够很轻松地浏览你的文档**。
- 总有太多的信息要讲。如果事事都重要，事事就都不重要了。所以，**请划出重点！**
- 让你的观众兴奋起来，不要只展示积木，也要秀一下组装而成的**海盗船**。
- 技术人员常常不会创建好的图像。通过**为银行劫匪画像**来帮助他们。
- 好的图像不仅能胜过千言万语，实际上也能**帮助你设计更好的系统**。
- 你的受众常常只理解系统的各个组件，但不明白它们之间的关系。所以，你必须在**组件间绘制连线**。

① 呆伯特漫画主要讽刺职场现实，也包括了技术职场的一些场景。——译者注

3.1　诠释技术主题

为读者搭建斜坡，而不是峭壁

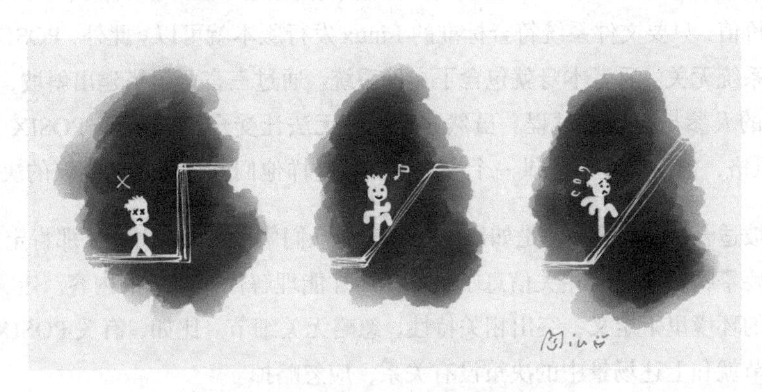

为读者搭建斜坡，而不是峭壁

Martin Fowler 有时说自己是个“擅长诠释”的人。他这样讲肯定有些谦虚了，但他这句话也凸显了一个事实，即诠释这种技能在 IT 世界里极其重要，却又少之又少。通常情况下，技术人员要么会给出毫无意义的高层次解释，要么会滔滔不绝地说出大量莫名其妙的专业术语。

3.1.1　给高管们的高性能计算架构

有个架构团队曾给管理委员会演示过一个高性能计算软硬件栈的新设计。演示材料涵盖了从负载管理到存储硬件的所有东西，并对如 Hadoop 和 HDFS 的垂直一体化的栈和如 LSF 的独立负载管理方案进行了对比，其中，Hadoop 和 HDFS 本身就包含了文件系统和负载分配机制，而 LSF 的运行则依赖于独立的高性能文件系统。在这些方案对比的幻灯片里，突然跳出了标题为“符合 POSIX 标准”的一页。虽然这可能完全合适，但该如何给几乎不了解文件系统的人解释 POSIX 标准到底是什么，为什么它很重要，以及它会带来什么样的后果？

3.1.2　搭建斜坡，而不是峭壁

我们经常说学习曲线是“陡峭的”，意思是初学者很难熟练和高效地使用一个新的系统或工具。我往往假设高管受众都很聪明（他们不可能只靠拍马屁和钻营企业政治就能成为高管），因此他们实际上有能力爬上一个相当陡峭的学习斜坡，但他们无法爬上去的是峭壁。

构建一个逻辑顺序以便让受众能够在他们不熟悉的领域得出结论，做到这一点很难，但肯定

能做到。铺天盖地的陌生缩写词或者专业术语会构成一道峭壁，因此“符合 POSIX 标准”对于大多数人来说就是一道峭壁。只要向大家解释 POSIX 是一个在 UNIX 发行版本里广泛采用的标准文件访问编程接口，你就可以把峭壁变成一道斜坡，从而避免大家停滞不前。一旦你搭建好这道斜坡，高管们很快就能理解，因为他们的产品基于独立的 Linux 发行版本，所以符合 POSIX 标准没有什么价值，只要文件系统符合标准的 Linux 发行版本就可以。此外，POSIX 也和 Hadoop 等垂直一体化系统无关，后者本身就包含了文件系统。通过三言两语搭建出斜坡，你就能引导那些不熟悉技术的人参与决策的过程。虽然这道斜坡无法让受众深入了解 POSIX 的各个版本和 Linux 的各种风格，但能为受众提供一个心智模型，这样他们就可以在所提议的决策上理解了。

陡峭的斜坡适合快速攀爬，但是如果你打算让受众们攀登珠穆朗玛峰，那肯定会很累。因此，要考虑受众需要攀爬多高（对相关信息了解多深）才能理解你所演示的内容。定义技术术语时，要在问题所处的环境里下定义，突出相关特性，忽略无关细节。比如，有关 POSIX 历史和 Linux 标准规范的细节就和上述场景中的决策没有关系，应忽略掉。

3.1.3 留意间隙

斜坡应不仅仅提供合理的坡度，也应避免逻辑上的间隙或跳跃。通常，领域专家不会觉察到这些间隙，因为他们的大脑会自动填补它们，这种自动填补能力是我们人类大脑的一个非凡功能。不过即使是个不大的间隙，也很容易绊倒那些对所讨论话题并不精通的受众，导致他们思路跟不上。

比如，在讨论网络安全时，一个架构团队提到他们的需求时说，位于不安全网络区域的服务器有 2 个网络接口，即所谓的“网卡”，用于传入和传出网络流量，以免有人可以从公网直接访问内部可信系统。他们继续说，供应商的“3 网卡设计”无法满足他们的需求。在我看来，这样说似乎没有道理。为什么有 3 个网络接口的服务器无法支持一个只需要 2 个接口的设计？在我看来，演示者好像是在说 2 > 3，这显然不对。但是，对于那些熟悉所处环境的人而言，答案很“明显”，因为每个服务器还需要额外的 2 个网络接口来分别处理备份和管理任务，所以演示者脑海里的计算公式是 2+1+1 > 3，这明显是正确的。忽略这个细节就足以制造出一个能绊倒受众的间隙了。

对于演示者而言，很难判断自己制造的间隙大小。在上面的例子里，只要在图中增加几个词或两条额外的标记线就足以填补这个间隙，但这不意味着间隙本身就很小。我发现一种好的检验是否有间隙的方法是，先给不熟悉话题的人按正确思路讲解一遍，然后让他们按自己的理解“复述”一下你刚刚向他们解释的内容，这和学校里的突击测验类似。

3.1.4　首先，创造一种语言

在准备技术谈话前，我喜欢用两步法。首先，我会基于具体词汇表建立一个基础心智模型。一旦有了这个心智模型，受众就能思考问题并辨别决策中参数之间的关联。这个心智模型不必很正式，只要能为受众提供一种方法，使他们能在正在讨论的不同元素间建立联系即可。

在上面的文件系统的例子里，我会首先讲解文件访问的分层栈组成，从硬件（即硬盘）、基本块存储（如 SAN）到文件系统，最后是承载应用程序的操作系统。这个解释只要不到半页幻灯片就够了，并能用一个分层的块图很好地表达出来。然后，我能用这个词汇表来解释 Hadoop，它的集成从应用层开始，一直到本地文件系统和硬盘，而且没有任何 SAN、NAS 和其他类似的网络存储组件。这种设置有一定的优势，比如成本低、支持数据本地化管理，等等，但是需要针对具体框架开发应用程序。相反，用于高性能计算的独立文件系统，比如 GPFS 或者 pNFS，它们要么构建在标准的文件系统之上，要么通过如 POSIX 等广泛使用的 API，提供“适配器”来访问特有的文件系统。就此可以绘制一个图，里面有一个自顶向下的 Hadoop“栈”，其余系统提供了“接口”，包括符合 POSIX 的标准。到了这里，受众就能很容易理解为什么 POSIX 特性很重要，但 Hadoop HDFS 不需要提供符合 POSIX 标准的接口。

3.1.5　一致的细节层次

为支持正确思路选择合适的细节层次并不容易。比如，假定“POSIX”是个独立的东西，但是实际上它包含多个版本和组件、Linux 标准规范，等等。细节上大体正确地绘制连线是架构师的一项重要技能。很多开发人员或者 IT 专家喜欢给观众滔滔不绝地讲述一些不相干的专业术语，而其他人又会想当然地认为某些关键细节显而易见并忽略了它们，从而给受众的理解造成了鸿沟。通常情况下，我们想要采用这两者的折中方式。

在正确的细节层次绘制连线取决于你对受众的了解。如果受众类型五花八门，那么搭建好的斜坡会更加重要，因为这样能让你抓住那些不熟悉细节的人，也不会让那些知道细节的人感到无聊。较好的形式是搭建一个斜坡，已经熟悉话题的受众会对你赞赏有加，尽管他们没有学到任何新东西。这种效果很难达到，但是个值得追求的目标。

即使你的确了解受众，能否抓住“恰如其分”的细节层次通常还是很难预料。尽管如此，在整个过程中始终保持一致的细节层次也至少同样重要。如果在第一张幻灯片里描述了高级文件系统，然后又在第二张幻灯片里深入讲解磁盘的位编码，那么几乎可以肯定的是，受众一定会感到厌烦或者直接离开。因此，要为手头架构决策的推导努力找到一个合适的层次来切合主题，不要留下太多“悬空的”（和其他任何元素无关的）元素。有算法意识的人会把这个挑战看作图分割问题。你的主题包含了很多逻辑上相互关联的元素，就像是图中由边线连接起来的一组节点。你的任务就是分割这个图（即只覆盖元素的一个子集），同时让被切割的边线（即逻辑连接）数目最小化。

3.1.6 我本来想要的，但又不敢

这一节的标题是对德国导演 Karl Valentin 的名言“Mögen hätt' ich schon wollen, aber dürfen habe ich mich nicht getraut”的拙劣翻译，它让我想起了诠释技术主题的最大挑战：太多的架构师相信，无论如何，受众永远都不会“理解”他们的解释；还有些人害怕讲技术细节，这会让他们显得不像管理人员；其他人就更进一步了，他们实际上更喜欢通过卖弄不相干的专业术语，让管理层感到困惑，这样他们的“决策”（通常只是简单的个人喜好或者供应商的推荐）就不会遭到受众质疑。

我对这种行为持批判态度。架构师的职责就是让广大受众理解所做的决策和假设会带来的影响。毕竟，这是最容易出现严重问题的地方。比如，如果若干年后 IT 系统无法满足业务需求，那么通常就是由于一个约束或某个之前做出的无效假设导致的，而这个假设从来就没有被清晰地传达过。在决策上的沟通以及对折中方案的清晰解释，能够同时保护你（的饭碗）和业务。

3.2　写给大忙人

不要指望每个人都会逐字阅读

如果没有时间通读，可以看插图

3.2.1　写作可以延伸到更多受众

在大型组织里，和很多人沟通至关重要。我通常更喜欢通过简练但准确的技术定位和决策报告来沟通，这已经成为了我们架构部门的特征。虽然撰写文档不容易，因为它要比阅读耗费更多的精力，但是书面语比口语有更明显的优势。

(1) 它是可延伸的：不需要把每个人都召集到会议室里，就能向更多的受众传达信息（当然，播客也可以做到这一点）。

(2) 它更快：人们的阅读速度要比听力速度快 2~3 倍。

(3) 它是可检索的：你可以快速找到自己想阅读的内容。

(4) 它是可编辑和版本化的：每个人看到的都是相同的版本化后的内容。

因此，一旦你有足够多的（或者重要的）受众，撰写文档就能让你受益匪浅。但是，最大的好处正如 Richard Guindon 的深刻见解："写作是让我们知道自己的思考是多么草率的一种自然的方法。"这就让写作成了一项非常值得一做的练习，因为它需要我们整理思路，这样我们才能讲出剧情紧凑的故事。和大多数幻灯片不一样，撰写良好的文档是自包含的，因此它们可以在无须进一步补充说明的情况下广泛传播。

本节的标题"写给大忙人"是一句双关语，借鉴了畅销书《大忙人的日语教材》的书名。它特意暗示了一个模棱两可的含义，那就是我们都在为忙碌的读者写书，但我们也是大忙人。

3.2.2 质量与影响

在做现场演示时，虽然你能够在一定程度上要求受众（至少假装）听你说话，但写作的难点在于，你很难强迫任何人阅读你的文字。我提醒作者："读者绝不会按要求翻到某个指定的页面，他们只会根据已阅读的内容来做决定。"假设主题比较有趣，并且和读者人数有关，通过反复观察，我发现写作或修订质量和实际读者人数之间的关系是非线性的，这种非线性关系可以作为一个很好的、表示技术出版物影响力的代理指标。如果出版物没有达到最低的质量要求，比如冗长啰唆、结构杂乱、到处都是拼写错误，或者使用了一些难以阅读的荒谬字体，那么根本就不会有人阅读它，因此就无法产生任何影响。我把曲线这一端称为"垃圾桶"区域，这是按照读者很可能出现的反应（这样的文档很可能会被读者丢进垃圾桶）命名。在曲线的另一端，质量改善带来的附加影响会迅速减弱，因为文档质量接近了"镀金"区域。

因此，在集中精力考虑文档内容之前，你需要先把文档质量控制在"甜蜜点"上。虽然这个甜蜜点取决于具体的主题和受众，但是我断定它要比大多数作者认定的位置更靠近"镀金"区域。因为那些有影响力的关键人物非常忙，所以他们通常不会阅读那些好几页的文档，除非这样的文档出自高薪顾问之手。这种情况下，他们会委派专人去仔细研读，因为他们已经为这些文档支付了很多钱。对于这些没有耐心的读者，简洁清晰的措辞不再是无关紧要的东西。如果缺失了它，毫不夸张地说，你的文档很快就会被扔进"垃圾桶"。明显的排版错误或者语法问题就像是在汤里发现了令人恶心的苍蝇，汤的口味可能没受多大影响，但是很可能从此没有回头客了。

3.2.3 "在手中"——第一印象很重要

当我和Bobby在撰写《企业集成模式》一书时，出版商就给我们特别强调了书"在手中"的时刻非常重要，这个时刻是指一个潜在的购买者从书架上拿到书，然后迅速地瞥了一眼封面和封底，有可能还会把目录里的章节标题浏览一遍（2003年，人们仍然会在实体书店买书）。读者会在这一刻决定是否购买，而不是等到他碰巧看到你在第326页上绝妙的总结时才做决定。这也是为什么我们在那本书中使用了很多图表：几乎所有的对开页均包含一个图像元素，比如图标（也叫"格雷戈尔图"①）、模式效果图、截图，或者UML图，这样会让读者觉得这本书不是一本学术著作，而是一本易于上手且注重实效的图书。技术出版物都应这么做：布局要清晰，少量的插图要有表现力，最重要的就是内容要简明扼要！

为了体会读者对简短文章的感受，但又不浪费纸张，我把"所见即所得"编辑器缩小，直到所有页面都能显示在屏幕上。这时我已无法看清其中的文字了，只能看到标题、图表，以及诸如

① 格雷戈尔图取自作者的姓名格雷戈尔·霍培。——译者注

段落和章节长度等整体效果，而这些正是读者浏览你的文档，决定是否值得一读时看到的东西。如果他们看到的是一连串没完没了的项目符号、庞杂的段落，或者感觉一团糟，就会很快把这篇文章扔进垃圾桶。

3.2.4 好文章就像电影《怪物史莱克》

大多数的动画电影必须满足各类观众。孩子们喜欢可爱的动画角色，大人不仅要花 30 美元给家人买电影票，还要花两个小时看可爱的动画人物。像《怪物史莱克》等优秀动画电影会通过同时加入适合小孩和大人的幽默情节来吸引这两类观众。大人和小孩可能会在些许不同的情节开怀大笑，但是他们不会相互影响。面向多种受众的技术文章应该提供技术细节，同时也要强调重要决策和建议。下面是一些方法，它们能让受众阅读你的文章更像观看《怪物史莱克》。

- 用**故事化标题**取代概要。读者应该通过阅读标题就可以抓住文章的重点。这样的标题字数很少，但仍然能让忙碌的读者读懂整篇文章。像“引言”或者“总结”这样的非故事化标题在简短文档里是没有容身之地的。
- **图**为重要章节提供视觉锚点。浏览文章时，读者很可能会在一幅图上短暂停顿，因此，应该有策略地在关键章节附近放置一些图。
- **特殊标注**，也就是用不同字体或颜色的缩进段落标注一些文字，表明它们只是额外的细节，读者可以放心地跳过它们，无须担心思路被打断。

3.2.5 让读者轻松些

有了好的第一印象，读者会开始阅读你的文章。关于技术写作，我推荐这本名为 *Technical Writing and Professional Communication*[①]的书。很可惜，这本书已经绝版，不过幸好我还备了一本。这本书足足有 700 多页，涵盖很多内容，包括如何写作不同类型的文档，比如简历。我在书的最后部分找到了有关排比和段落结构的章节，非常有用。排比句式要求列表中的各项必须遵循相同的语法结构，比如，各项都必须以动词或者形容词开头。下面是个反例。

选择系统 A 的原因：

- 它更快
- 灵活度
- 我们想要降低成本

---

① 参见 Huckin 和 Olsen 的著作，*Technical Writing and Professional Communication: For Non-Native Speakers of English*。

- ❑ 稳定
- ❑ 不要忘记长期演进

这样的写作方式让读者耗费了太多的脑细胞来解析文本而不能专注于信息。从语言中消除“噪声”能减少阅读障碍，从而让读者专注于内容。排比不仅可以增强列表的表达效果，也对表达类比或对比等意义的句子有用。

每个段落应该只讨论一个主题，而且应该开门见山地介绍主题，就像本段一样。从开头的三言两语中，读者就知道本段是和段落主题相关的，可以确定我在段落中不会提及列表。因此，如果读者已经知道优秀段落的撰写技巧，他们就能放心地跳过本段。这也就是诸如“更重要的是，在某些情况下，我们必须要特别留意……”这样的句子作为段落开篇非常糟糕的原因。

3.2.6 写作曲线——线性化

技术主题很少是单维度的，但你的文本必须是线性化的：单词一个接一个，段落也一样。正如芭芭拉·明托（Barbara Minto）在 *The Pyramid Principle: Logic in Writing and Thinking* 一书中所述：只有经过深思熟虑的逻辑结构才可以克服这种线性限制。书中的“金字塔”表示文章内容的层级，而不是 **IT 环境中的金字塔**（参见 4.2 节）。虽然这本书内容有一定程度的夸大，标价也有些高，但是其中讲解顺序的部分的确是精华：每个列表或者分组都应该有要依据的顺序，无论是按照时间（时间先后顺序）、结构（关系顺序），还是等级（重要性顺序）。注意，“字母顺序”和“随机顺序”不是有效的选择。“这是如何排序的呢”已成为我在审核含有列表或分组的文档时必问的一个标准问题。

另外一个我不能忍受的事情是对无具体指向的“这”一词的滥用，比如，只说“这是个问题”，却没有清晰地说明“这”到底代表什么。Jeff Ullman 把这种“无指向性的‘这’”看作清晰写作的主要障碍之一，他还有个经典示例如下：

> 如果你把 sproggle 转向左侧，它会堵塞，而且 glorp 也无法移动。这也是我们 foo 窗扇的原因。[①]

我们是因为 glorp 无法移动或者因为 sproggle 堵塞才 foo 窗扇的吗？程序员都知道悬空指针和**空指针异常**的危害，但他们似乎并没有在写作时应用同样严格的规则，难道是因为读者无法给你抛出栈追踪信息？

---

① 参见 Jeff Ullman 的文章，*Viewpoint: Advising Students for Success*，刊载于 *Communications of the ACM*，第 52 卷，第 3 期，2009 年 3 月。

下面是明托的另一个精彩建议。

> 通过陈述告诉读者一些他们不知道的事情，他们在脑海里会自主地提出疑问……此时，作者就有责任回答问题了。这种方式可以确保百分之百地吸引读者的注意力，因此，在准备好回答问题之前，先不要让读者在脑海中提出问题。

只需遵守这一个建议，你的技术文章就可以脱颖而出，超过 80%的文章。这个规则也可以用在那些未经证实的声明上。曾经有个内部演示的第一张幻灯片上写着："只有经过证明的某某技术是个可行的方案。"当我要求看看证据时，他们的回复竟然是因为"没有时间和资金支持"，所以他们根本就没有证据。这不仅仅是措辞问题了，而且是致命缺陷。如果第一页不能让人相信，读者就不会再想看第二页了。

3.2.7 简洁明了

在阅读技术文章时，读者不是要欣赏你的文学创造力，而是要理解你说的事情。因此，文章字数越少越好。Walker Royce 在他的书中[①]花了大量篇幅深刻地剖析了英语单词，他在行文简洁和文本编辑上的建议非常好。为了达到目的，他引用了 Zinsser[②]所著书中对"我可能要增加""这个应该被指出来"以及"这很有趣，值得注意"等语句的用法：如果你可能要增加，那就增加；如果它应该被指出来，那就指出来；如果这值得注意，那就把它变得更有趣。Royce 也给出了很多具体建议，告诉我们如何用寥寥数语替代啰唆冗长的废话，这样做不仅有助于减少干扰，也有助于那些非母语读者的理解。

如果你想用更严格的方式把单词恰当地串联成句，并且愿意忍受一些长篇大论的话，我推荐你读读 Jacques Barzun 的 *Simple & Direct*。这本书不简单，但非常直接。

我们团队内部的编辑环节通常能减少 20%~30%的字数，尽管其中也包括了一些附加资料或细节。第一次看到这个可能会让你震惊，但是 Saint-Exupéry[③]说过，"无一分可增不叫完美，无一分可减才是"，他的这句名言对技术文章（以及这方面的优秀代码）而言尤其适用。实际上，我刚刚把这一章的内容删减了 15%。

多年前，一位专业文字编辑让我第一次见识到了这种残酷的修订，当时我感觉那个文档已经不像是出自我手了。从那之后，我逐渐意识到这种清晰准确的表达方式是让技术文章看起来出自

① 参见 Walker Royce 的著作，*Eureka!: Discover and Enjoy the Hidden Power of the English Language*。

② 参见 William Zinsser 的著作，*On Writing Well: The Classic Guide to Writing Nonfiction*。

③ Saint-Exupéry 是法国著名作家和飞行家。——译者注

我手的好方法。当文章变长时，很多像我这本书一样的个人作品会插入一些“舒缓的节奏”，帮助读者在读完很多页之后依然集中注意力。

3.2.8 作家研讨会

提升技术文章水平的最有效方式之一就是举办**作家研讨会**[①]。会议期间，与会者会阅读和讨论某篇文章，作者只允许旁听，但不能发言。这种会议模拟了一群人在阅读和讨论一篇文章的情景，同时也能检验这篇文章是否为自包含的。作者必须保持沉默，因为他们不能拿出自己的文章来给每个读者解释真正的含义是什么。因为作家研讨会非常耗时，所以最好在文章通过初审后再举行。

3.2.9 笔杆子比枪杆子更强大，但仍敌不过企业政治

撰写高质量的意见书会招致一些意想不到的、有组织的反对行为。那些不擅长写作或不想和大家分享他们团队工作的人在说出“完美”这个词时，总是带有消极的意味。讽刺的是，通常这些人所在的部门颇为喜欢供应商的那些花花绿绿的演示幻灯片。

其他团队声称他们的“敏捷”方式使其无须再撰写文档了，尽管事实是这些团队也没有可以展示的可运行代码。敏捷软件开发强调编写值得阅读的工作代码，但是多年的 IT 战略规划不太可能仅在代码中体现出来。唉，优秀的文档似乎要比优秀的代码更难找。

有些企业人员会主动重发书写清晰的、自包含的文档，因为他们喜欢为每个受众“调整”他们的故事。当然，这种方法**无法延伸到更多受众**。

在通常不擅长写作的组织里，撰写好的文档会突显你的重要性，但是这也会动摇其中的政治派系。当我第一次给高级管理层发送一份有关数字生态系统的意见书时，有个人跟我的老板和我老板的老板抱怨，说我没有和她沟通文档的内容。沟通是个强大的工具，在你的组织里，有些人会竭尽全力去控制它。因此，你不仅要明智地选择目标，也要确保“弹药”充足。

---

① 参见 Richard P. Gabriel 的著作，*Writers' Workshops & the Work of Making Things*。

3.3 重点突出胜过面面俱到

展示森林而非树木

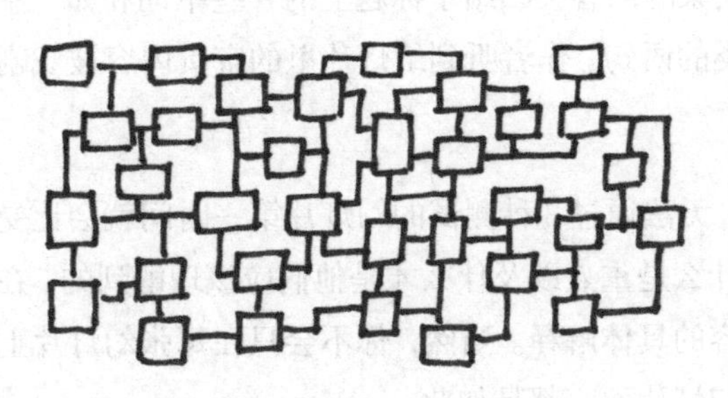

你能指出这个数据库架构中的性能瓶颈吗

当我撰写文档或者绘图时，有时会收到诸如“缺了这一块”或“应该把那一块也包含进去”这样的反馈。虽然这些反馈都是出于好意，但我还是会提醒评论者说，面面俱到并不是我的主要目标。更确切地说，寻找一个足够大但有意义，足够小但可理解，足够内聚但仍可讲得通的内容范围才是我的目标。用绘制地图打个比方：芝加哥街道地图肯定不能只包含半个市区，但把整个密歇根湖放入地图似乎没有什么用，因为密歇根湖实际上并不是笔直地位于海岸线3厘米外。以同样的比例尺把斯普林菲尔德市放入同一幅地图中，可能也没什么用。[①]

任何图或文字的创作都对应着一个现实模型（参见3.6节），你必须为它设置一个具体要点，这样它才能发挥实际作用。如“缺了这一块”这样的反馈或许能让你的模型更完美并更有内聚性，但你也需要决定什么时候最好把某些东西放在另一个模型里。只有这些东西出现在我眼前时，我才能决定是否需要把它归入另一个模型里——而这也不是我先天就能做到的。

我常常还会收到另一种反馈，比如“某问题是另一个重要的问题”。实际上，我经常会直接回答：“是的，印度也有小孩在挨饿，但我现在正在解决非洲国家的饥荒。”特别是在大型组织里，环境的规模和复杂性总在不断干扰你。因此，如果允许的话，你完全可以对某些干扰视而不见，实际上如果有必要，也可以主动排除干扰。

3.3.1 3秒测试

简短的技术文档、图或者幻灯片是用来清晰阐述一个特定观点的，因此必须要有明确的重点。

① 作者的意思是，放入过多占据不少空间的地区，会让地图要展示的目的区域失去焦点。——译者注

它们和图书或者手册不同，后两者的内容必须要全面。**3秒测试**是一个很有挑战性但也很有用的检查重点的方法。

在演示有“噪声”的幻灯片时，我会让观众只看3秒，然后请观众告知演示者自己都看到了什么。大多数情况下，大家的回答会归结于标题上的一些单词和如“左边有两个黄色的盒子，顶部有个蓝色的圆筒”之类的语句。作者听到幻灯片里的宝贵内容被戏剧性地简化了时，通常会很失望。

几乎可以肯定的是，无法通过3秒测试的幻灯片第一时间就会让受众感到困惑。受众需要根据看到的图像试着理解什么是重点以及什么才是他们应该理解到的。在这段时间里，受众不太可能会聆听你对幻灯片内容的具体解释。当然，你不会只在每张幻灯片上停留3秒，但第一印象很重要，这对每张演示的幻灯片而言都是如此。

3.3.2 声明

幻灯片或者段落的标题要能为重点明确的声明设定基调。有些人喜欢用完整的句子作为标题，另一些人则喜欢短语。在我的职业生涯里，经过反复尝试，最后我会有的放矢地使用二者。在做“大型”演示时，我倾向于使用由单词和短语构成的标题，比如“**架构师电梯**”，因为这些标题代表了我将要解释的概念。在这种场景下，图像对我这个演讲者来说真的就只是一种**视觉辅助工具**，关键是演讲者要通过视觉隐喻吸引观众的注意，并帮助他们记忆讲解的内容。但是，对于为审核或者决策制定而准备的技术演示，我喜欢清晰的声明，因为与会者需要理解并决定是否同意它。最好通过完整的句子表达这些声明，类似于给大忙人们准备的**故事化标题**。在这种情况下，“无状态应用服务器和全自动化能够带来灵活的扩展能力”就比“服务器架构”这样的标题好。当然，你也需要避免那些根本不做声明的冗长短语和残缺句子，比如“服务器基础设施和应用程序架构概览图（为简洁起见，我做了抽象）”。

3.3.3 突击测验

我参加过很多架构审核和决策委员会。通常这些委员会存在的目的就是想规避**决策者和知识持有者的隔离**，很多大型企业需要他们协作完成技术全景图，以便对所有孤岛系统有一个整体的概览。因此，相关会议的主题自然非常技术化，这让我怀疑与会人员是否真正地理解了所听到的内容。

为了确保决策制定者能理解他们要做决策的主题，我在演示期间插入了一个**突击测验**[①]环节。首先让演示者暂停并把幻灯片设置成黑屏（在幻灯片里按快捷键B即可），然后让受众重述他们到当前为止理解的内容。发现大家都在紧张地笑和慌乱地盯着天花板看时，我通常会让演示者再重述一遍要点，这样好让我们（假装）通过了测验。最终，这更多测验了演示者而不是受众。

3.3.4　言简意赅

我不会自己不参与突击测验。在复述演讲者所说的内容时，通常我会特意言简意赅以确保我真正地抓住了本质。在一个有关不可信网络区域安全架构的演示会上，在看了一小部分内容满满的幻灯片后，我把演讲者的陈述总结为“你很担心这条从上到下跨越所有层次的黑线？”，他大声回答“是的”，这不仅确认了我已正确总结了问题，而且确认了演示者已明白如何更好地沟通这个问题。虽然这个方法一开始可能看似过分简单化，但它验证了正在演示的模型（如这个描述跨越公网和可信内网的合法访问路径的垂直线）和声明的问题（安全风险）之间有着紧密的联系。通过移除噪声，把声明简化为“黑线”能让信息更加明确。

3.3.5　技术备忘录

撰写文档的初衷不是要面面俱到，而是要讲述并特别强调系统的某个方面。这个观点并不新鲜：早在20年前，Ward Cunningham就在*Pattern Languages of Program Design 2*[②]一书的片段中给出了**技术备忘录**的定义：

> 维护一系列格式良好的技术备忘录，用它们处理在程序开发过程中不易表达的问题。每个备忘录只关注一个主题。……通常来说，完整的设计文档……很少能出彩，除了其中那些独立的点。抓好技术备忘录里这些点，其余部分就不用关注了。

不过要记住，虽然撰写技术备忘录非常有用，但不一定比产出大量的普通文档更容易。技术备忘录概念的经典反例就是维基项目，其中满是随意的、大多过时的且主题不明确的文档。这不是维基工具平台的错（维基恰巧也是Ward的发明），而是因为文档撰写者没有突出重点。

---

① 突击测验是一种由教师在课堂上进行的不提前通知的快速测验。这种突击测验的方式在学生中很不受欢迎。

② 参见Vlissides、Coplien和Kerth的著作，*Pattern Languages of Program Design 2*。

3.4 给孩子们看看海盗船

为什么整体远远重于局部

这才是人们想看到的

你看乐高玩具的包装盒时，是看不到盒子里一个个积木块的图片的，而是看到一幅完全组装好的、令人兴奋的模型图片，比如一艘海盗船。为了让模型看起来更令人兴奋，封面里的模型不是放在客厅桌子上，而是位于逼真的、既有悬崖又有鲨鱼的海盗湾里——连杰克船长都会嫉妒的。但这和沟通系统的架构和设计有什么关系呢？可悲的是，这看起来没有什么关系，但是应该有！技术沟通经常犯的错误是，只知道罗列独立的积木块，却忘记展示组装好的海盗船。我们看到了太多的线框［希望也有连线（参见3.7节）］，但是它们作为整体组合而成的完全形态并不清晰。

但是，这种比较公平吗？乐高只是向孩子们兜售玩具，而架构师需要向管理层和其他专业人员解释模块之间的复杂关系。此外，IT专家还必须解释如由于网段瘫痪导致网络中断之类的问题，这和玩积木海盗船相比少了很多乐趣。然而我认为，我们可以从海盗船上学到不少有助于IT架构演示的东西。

3.4.1 获取关注

海盗船模型的最初目的只是为了在和其他玩具包装盒的竞争中赢得关注。孩子们来到玩具店就是为了搜寻闪亮的新玩具，而很多企业会议的与会者只是按照老板的安排前来，他们对你要讲解的内容不感兴趣。为了引起他们的注意，并让他们把手中的智能手机搁在一边，你需要展示一些能让人兴奋的东西。可悲的是，很多演示会用一个目录开场，我认为这样做很傻。首先，目录就像是安装说明，而不是海盗船，所以根本无法让人兴奋起来。其次，目录的设计目的是为了让读者快速浏览图书或者杂志。如果受众无论如何都要参与整个演示过程，那么在一开始就搬出目录便毫无意义。亚里士多德似乎说过这样一句格言："告诉他们你打算告诉他们的。"这肯定不是要你把演示内容转换成包含目录的幻灯片。你要做的是告诉他们如何构建海盗船！

3.4.2 兴奋

一旦孩子们或者你的受众看到了这艘海盗船，他们应该会感到兴奋。很酷，不是吗？有鲨鱼、海盗、短剑、加农炮、鹦鹉和一箱金子。你能感觉你的脑海中自动浮现出了这个故事，就像在读表演曲目表时的感觉。那么，为什么有平台即服务、API 网关、Web 应用程序防火墙和构建管道的故事就不能让人兴奋呢？这是一个在数字化世界冲刺的故事，自动化测试和构建管道让你即使在快节奏下也能确保代码质量，自动化部署带来了可重复性，平台即服务带来了灵活的可扩展性。这最起码是个和海盗一样令人兴奋的故事！

我深信 IT 架构能够比人们通常认为的更加令人兴奋和有趣。2004 年，在与我的日本朋友 Yuji 的一次访谈中，我解释说软件开发要比表面上看到的更令人兴奋——这取决于你如何让它显得有吸引力。如果你只把软件开发看作一堆乐高积木块，那你就看不到海盗船！那些觉得软件和架构乏味无聊的人根本没有摸到软件设计和架构思想的皮毛。他们也不懂 IT 不再只是一种工具，而是业务的创新驱动。他们认为 IT 就是把乐高积木块随意累搭起来，但事实上，我们正在搭建令人兴奋的海盗船！

如果你觉得在严肃的工作讨论中说令人兴奋有些无聊，就请回头看看亚里士多德。2300 多年前他就指出，一篇好的演讲要基于：**理法**，即事实和推理；**人品**，即信任和权威；**情感**，即共鸣的情绪！大多数的技术演示会包括 90%的理法、9%的人品和 1%的情感。刚开始的时候，因为距离共鸣的境界还有很长的路要走，你只需确保内容能够匹配封面上的图片：如果外包装印有海盗船的盒子里并没有加农炮，这会很容易让人失望。

3.4.3 聚焦目标

回到海盗船上，乐高包装盒也清晰地展示了内部积木块的构建目标。目标不是随意地把积木块累搭起来，而是构建一个内聚且平衡的方案。这里，整体比部分之和大得多。这和系统设计一样：一个数据库和一些服务器并没有什么特别，但是一个可扩展的、无主非关系型数据库是很令人兴奋的。

唉，那些把所有部件组合在一起的技术人员往往会详细讲解这些部件，而不是让人们关注他们所构建方案的目标。他们觉得受众肯定会感谢他们组装部件的工作，而不是那个没有用的完整方案。糟糕的是，其实没人对你的工作过程感兴趣，人们想要看到你取得的成果。

3.4.4 展示环境

乐高包装盒封面图片是在一个有用的环境中展示了海盗船，比如一个（假的）海盗湾。类似地，IT 系统所在的环境至少要和它内部设计的复杂性相关。现在很少有系统能独立存在，对于IT工程师而言，系统之间的相互关系要比单个系统的内部结构更难理解。因此，你应该在系统的天然栖息地里展示系统。

很多架构方法会从一个**系统环境图**开始，而这个图很少被证明是个有用的沟通工具，因为它以完整的系统规范作为目标，并没有**强调重点**。这样的图展示的是一堆积木块，而不是海盗船。因此它们并不适合作为封面。

3.4.5 里面的内容

乐高玩具也展示了精确的部件数目及其装配过程，但这些都在盒子里的说明书上，而不是封面上。同理，技术沟通应该在第一页文档或者第一张幻灯片上展示海盗船，然后在后续的页面或者幻灯片上描述积木块以及如何把它们组装起来。首先吸引受众的注意力，然后带领他们过一遍细节。如果你反过来做，当令人兴奋的部分最终出现时，受众很可能已经睡着了。

3.4.6 考虑受众的身份

就像乐高针对不同年龄组有不同的产品系列一样，并不是所有 IT 受众都喜欢海盗船。对于某些远离技术的管理层，你可能要给他们展示用一些乐高得宝积木块拼装的小鸭子。

3.4.7 寓“作”于乐

我们继续说玩具这一主题。绝大多数人会认为，用积木搭建海盗船是一种与工作对立的娱乐活动，因为谚语提醒我们“只工作不玩耍，聪明孩子也变傻”。再次引用一下 20 世纪 80 年代的电影《闪灵》的经典片段：一直埋头写作的作家 Jack 最终发疯了，并且试图杀害自己的家人。

希望我们这些缺乏娱乐的 IT 架构师不要重蹈覆辙。不过可以肯定的是，缺乏娱乐会扼杀学习和创新的能力。

我们知道，绝大多数知识不是老师在学校里教给我们的，而是来自于我们的休闲娱乐。可悲的是，大多数人进入职场生活后，就似乎忘记了如何玩耍，或者被告知不能玩耍。这是社会规范、担忧以及（看似）高生产率的压力共同造成的结果。娱乐时不应有担忧和偏见，这也是休闲娱乐能让我们对新鲜事物敞开心扉的原因。

这个快速变革的时代需要我们学习新技术并适应新的工作方式，如果娱乐就是学习，那就应该强调娱乐的重要性。我鼓励我团队里的工程师和架构师做适当的休闲放松。有意思的是，乐高还为企业高管设计了一种名为 Serious Play（认真玩）的成功方法，来提高团队解决问题的能力。也许这些高管们就是在搭建海盗船。

3.5 给银行劫匪画像

架构师就像刑侦肖像专家

这就是他的长相

大型 IT 组织对架构师的工作要求很高。作为架构师，按照自己的好恶行事是非常值得一做的练习。当然，这需要你首先弄明白自己的好恶是什么——这可比听起来更有挑战性，特别是对于那些左脑型 IT 架构师。通常，厌恶的事情比较好辨别：对我而言，就是每天早上 8 点那个毫无目标、最终会变成最高薪人士唱独角戏的会议。喜欢的事情通常需要更多的反思。这么多年来，我已经认识到自己最喜欢的工作活动之一就是听系统负责人或者方案架构师描述他们的系统。这个讲述过程通常不是连续的，最后我会为他们绘制一副更连贯的全景图。当他们自己都没能画出，而是大声确认说“实际情况就是这样”时，我最有成就感。通过这个练习，也能很好地了解那些没有记录在案的系统细节。

让人给你描述他们的系统，然后你为他们绘制图像，这可能会让你想起那个老笑话：顾问就是那些借用你的表告诉你几点钟（并且你还要为此支付高昂的费用）的人。不过绘制有表现力的架构图可比看表读时间复杂得多。这需要提取人们的知识，然后以一种他们自己都无法创建的方式呈现这些知识。

有些人能够构建系统，但这并不意味着同样的人也擅长以直观的方式展示系统架构。因此，帮助这些人绘制系统图像是很有价值的事情。我把给别人绘图的架构师比作刑侦肖像专家。

3.5.1 每个人都看到罪犯

如果发生银行抢劫案，你会先询问看到罪犯的目击者，然后画出罪犯的样子，但你最终很可能只得到一幅简笔画或者非常粗略的草图。无论如何，你都无法从这幅草图中看到任何特别有用的信息，即便目击者已经为你提供了罪犯的第一手信息。知道一件事、能够把它表达出来以及能够绘制出来，是三种截然不同的技能。

这就是刑侦肖像专家一般都是外部引入的专业人才的原因。他们会和目击者谈话，问他们一系列容易回答的问题，比如“这个人高吗”。通过反复和目击者沟通，刑侦肖像专家就能绘制出犯罪嫌疑人的画像，从开始的“他很高”之类的零碎信息，到最后，人们看到画像时会确认说：“对，他就长这样！”

3.5.2　刑侦肖像专家

刑侦肖像是一个相当特殊的工作，既需要艺术知识，也需要人类解剖学知识。比如，刑侦肖像专家会接受牙齿和骨骼结构的专业培训，因为这二者会影响嫌疑人的长相。对于**专业架构师**（参见 2.2 节）来说也一样，他们需要最低程度的艺术技能，可能不需要像刑侦肖像专家一样水平高超，但是也必须具备相应的心智模型和视觉词汇，这样才能表达出架构的概念。

有趣的是，刑侦肖像专家会把问题分解，然后以众所周知的“模式”工作。他们首先会问“跟我说说这个人”这样的开放性问题，然后以典型的模式引导目击者，比如鼻子、眼睛、头发等关键体貌特征。为了夸大这些关键信息，他们通常不会问这个人是不是有两只耳朵、两只眼睛和一只鼻子（如果嫌犯没有，那的确值得注意），而是引导目击者描述有辨识度的关键特征，就像我们在试图判断**某些东西是否为架构**一样。在 IT 世界里，我们要做同样的事情。比如，当看到数据存储时，我们会问这是关系型数据库还是非关系型数据库，或许是两种的组合、缓存、复制，等等。

当我提到“架构画像专家”的角色时，我往往使用两种方法，通常是按顺序逐个应用的。

3.5.3　系统隐喻

我会先寻找值得关注的或者关键的特征，即**关键决策**。例如，有没有能让用户查看信息的普通网站，比如**客户信息门户网站**？是否有新的销售渠道？是否有跨渠道的策略？设计初衷是处理大流量数据，还是只处理小流量数据但必须能够快速演进的实验？或者，因为只是对新技术的快速验证，所以用例是次要的？一旦搭建好框架，我就会开始填补这些细节。

我非常喜欢 Kent Beck 的系统隐喻概念，这个概念描述了系统到底是什么样的“东西”。正如 Kent 在《解析极限编程》中所解释的那样：

我们需要强调架构的目标。架构是为了给每个人提供一个连贯的工作故事，一个易于在业务和技术人员之间共享的故事。通过要求隐喻，我们很有可能得到一个容易沟通且精心制作的架构。

在同一本书里，Kent 还提到了“架构在极限编程（Extreme Programming，XP）项目里和在其他任何软件项目里一样重要”，那些认为**自己处于敏捷流程中**（参见 4.5 节）就试图规避架构的人要牢记这一点。

和**图驱动设计**（参见 3.6 节）一样，架构画像也可以是个很有用的设计技巧。如果画出的图像看起来没有意义（但架构画像专家是有真材实料的），那么架构里很可能不一致或者有错误存在。

3.5.4 视点

一旦对系统本质有了大致了解，我就会用隐喻来驱动要查验的方面或者视点。这就是**架构画像**和**架构分析**的不同之处。架构分析通常会排查一组固定的、结构化的方面，例如根据 ATAM60 或 arc42 等方法定义的方面。用“清单”查漏补缺是个很有用的方法。刑侦肖像专家并不想画出嫌疑人裤子的制作工艺细节（镶边的，还是翻边的），而是强调那些独特的或者值得关注的特征。对于架构画像专家而言也一样。

遵循一组固定观点很容易会变成**依序号涂色**的练习。在这种练习中，一个人会按照序号在模板里填色，但涂色的过程会忘记**强调重点**，甚至会忽略关键点。因此，我在 Nick Rozanski 和 Eoin Wood 的著作《软件系统架构》中找到的有关视点的描述是很有用的，因为他们没有规定固定的标记，而是强调了相关的问题和缺陷。Nick 和 Eoin 也对**视角**（perspective）和**视点**（viewpoint）进行了区分。在勾勒架构画像时，你很可能对某个特定的视角感兴趣，比如性能和安全，而这些视角可以跨越多个视点，比如部署视图或功能视图。

3.5.5 可视化

每个艺术家都有自己的风格，在某种程度上，架构画像专家也一样。我不大喜欢在单个标记下对所有系统建模进行文档化，因为我们不是在创建系统规范（完整的系统规范应该在代码里），而是在绘制能让人们更好地理解系统的素描图。对我来说重要的是，标记的每个可视化特征在我们分析的语境或者视角里都有意义。否则，它就只是干扰。当然，图必须能同时展示组件及**它们之间的关系**。

好图的表现力非常丰富，不需要图例说明，因为其中的标记从一开始就很直观，或者观看者很容易从简单的示例中理解这种标记，并将其应用在图中更复杂的方面。这正是用户界面的工作原理：没有用户愿意去阅读冗长的手册，他们会根据看到的图像构建心智模型，然后用这个心智模型对复杂的特征设定应该如何工作的期望。为什么不把图看作用户界面呢？你可能会说图缺乏可交互性，的确如此，但是观看者浏览复杂图的方式和用户浏览界面的方式非常相像。

3.5.6 架构疗法

Grady Booch 把团队描绘架构比作家庭疗法①。在家庭疗法中，要求小孩子按照一种叫家庭动力绘图（Kinetic Family Drawings，KFD）的方法绘制一张他们的家庭图画，治疗师能从这些画中了解到家庭动态细节，比如亲密度、层级关系或者行为模式。我和开发团队也经历过类似的过程，所以你不应该直接丢弃他们看似没有意义或者不完整的绘图，而是应该从中努力挖掘团队的思考方式和层级关系：是不是数据库总在中间层？也许是数据模式设计者在团队里发号施令（我见过这样的情况）？是不是有很多线框但没有连线？很可能团队的思考只集中在结构化问题上而忽略了系统行为。如果架构师脱离代码和运营方面太久，就会经常出现这种情况。

3.5.7 错了！重新做

给别人的架构画像经常会遇到这样的情况，他们说："你画得不对！"这是件好事，意味着你发现了他们和你之间的理解差异。如果没有绘制过，你就永远不会认识到这些差异。另外，如果假定自己是这些图的下游使用者的合法代理人，你也能让他们避免同样的误解。因此，为架构画像总是个迭代的过程，记得备好橡皮擦。

① 参见 Booch 的文章，*Draw Me a Picture*，刊载于 *IEEE Software*，2011 年第 1 期，第 28 卷。

3.6 图驱动设计

在图像里造假比在文字里造假难多了

这不是架构

几年前，克雷斯特德比特（Crested Butte）企业架构峰会再一次证明，让一群极客在一座偏僻的小镇里喝着鸡尾酒聊天，能产生让人印象深刻或者至少有创造性的成果。在我们的案例里，成果就是以 26 个英文字母开头的新开发策略，从 ADD——行为驱动开发（Activity Driven Development），到 ZDD——零缺陷开发（Zero Defect Development），其中 DDD 专指 Eric Evans 的精彩著作《领域驱动设计》[①]。而另一个 DDD 也浮现在我的脑海中：图驱动设计（Diagram-Driven Design）。

在提到图驱动设计时，我不是指通过 UML 图生成代码。我坚定支持 Martin Fowler 关于"UML 是草图"的观点，他的意思是，UML 是一种帮助人们理解的图像，而不是一种编程语言或者规范。如果有人质疑我，那可以听听 UML 联合创始人 Grady Booch 是怎么说的："UML 从来就没有打算成为一门编程语言。"[②]而我所说的是，一幅能传达重要概念的图像，即那幅众所周知、不带任何无关细节、纵观全局的大图。

3.6.1 演示技巧——图

我在日本为谷歌工作期间，为工程师设立了一门有关演示技巧的课程，其中包含了使用强烈、有影响力画面的一些常见想法，这些都是受到了《演说之禅》一书的启发。根据自己的想法，我勾勒出了一些图像，比如自信管理者的高清图像、显示里程实际变化的燃油表、明显不合脚的鞋子，等等。然而，对于大多数技术主题的演示而言，不管绚丽的图像多么有影响力，仅仅靠开脚

① 此书已由人民邮电出版社出版，详见 https://www.ituring.com.cn/book/106。
② *Objective View* 杂志，第 12 期。

站姿、低沉的声音、乔布斯的手势（或许还有高领毛衣），是不太可能让观众理解你的系统架构是如何工作的。

相反，你需要的是“精髓”：团队还有其他可选的设计吗？方案之间的差异是什么？你是根据什么设计原则判定某个方案比其他的好？系统的主要模块是什么，它们又是怎样**交互的**（参见 3.7 节）？你是如何查找性能瓶颈的，又从中学到了什么？当《演说之禅》的作者 Garr Reynolds 来谷歌宣讲这本书时，他承认技术讨论经常会需要详细的图，甚至一些代码片段，他建议以讲义形式提供给大家，而不是放在图像里。还有，我见过的大多数演示包括项目符号、源代码或者图来解释技术概念和细节。

Ed Tufte 批评说，NASA 文档里的项目符号太多了，这让技术人员反映的问题没有得到重视，**这种不作为最终导致了哥伦比亚航天飞机在重返大气层时的灾难**（从他们放在一起的幻灯片来看，Ed 可能没有错）。早在 2000 年的时候，呆伯特漫画就记载了这一幻灯片致死的情节。除了不能放太多项目符号外，你也不能在一张幻灯片里放太多的源代码，特别是当你使用带有异常检查的冗长语言时。因此，只有图适合作为技术概念的主要沟通工具了。

3.6.2 绘图技能

Visio 默认的 10 磅字体和窄细线宽，再加上糟糕的用户判断，对绘图的伤害似乎就像幻灯片里没完没了的项目符号（再加上自动缩放的功能）对文本演示的伤害一样。当然，不应只怪工具（枪毕竟不会杀人……），但是 Visio 的默认设置是针对详细工程示意图调优的，它无法引导用户创建适合在墙上展示的全局大图。因此，我后续的演示技巧课程采用了技术图，从下面的基本建议开始。

- ❑ 使用大小合适、色彩对比度好的无衬线字体，确保文字可读。令人惊奇的是，很多幻灯片页面会在深蓝色背景下使用深灰色的 10 磅 Times Roman 字体。“我知道你们看不清”，这不是好的开场白。更让人惊奇的是，使用很小字体的幻灯片页面常常会有一半的空白，而这些空间本可以用来放置更大的线框和字体。
- ❑ 确保元素正确对齐并具有一致的形态（比如边框宽度、箭头尺寸等），减少视觉干扰。如果有东西看起来不一样，要确保它**表达了既定的含义**。
- ❑ 增加箭头尺寸，以便更容易被看到。如果方向对图的理解不重要，就移除这些箭头。

当我解释如何建立一致的视觉词汇或者忽略不必要的细节时，我认识到自己讲述的很多绘图技术通常也有助于做出好的系统设计。因此，**图驱动设计**是真实存在的。

3.6.3 作为设计技术的绘图

一旦把绘图看作一项设计技术，就可以应用一系列方法来辅助系统设计。

1. 建立视觉词汇和观点

好的图总使用一致的视觉语言。线框代表某些东西（比如组件、类、进程），实线代表另一些东西（可能是构建依赖、数据流或者 HTTP 请求），虚线又代表其他东西。你不需要**元对象工具**和正确性证明的语义，但需要明白正在描绘的是什么元素或关系。选择视觉词汇对定义你所关心的架构观点很重要，比如源代码依赖、运行时依赖、调用树或者机器进程的分配等。

任何图或描述仅仅表达系统的抽象模型，正如 William Kent 在其著作 *Data and Reality* 的开篇中给我们的恰当提醒："河里并没有虚线，高速公路也没有染成红色。"绘图时使用一点艺术手法也是可以的。

好的设计通常会和抽象思考能力相关。图是拟人化的抽象，可以在设计过程中起作用。

2. 限制抽象层次

在技术文档里，我最常遇到的一个问题就是不同抽象层次的混用（源代码里也有同样的问题）。比如，配置数据影响系统行为的方式可能就像下面这样描述：

> 系统配置保存在 XML 文件里，其中的"timetravel"数值项可以赋值为 `true` 或 `false`。这个 XML 文件可以从本地文件系统或者通过网络读取，如果来自网络，就需要 NFS 访问权限或者安装 Samba。它使用 SAX 解析器来做内存持久化。读取这些设置的"`Config`"类是个单例，因为……

从这几句话中，我们可以了解到文件格式、项目设计决策、实现细节、性能优化等。实际上，某个读者不太可能对这么多不同层次的事实都感兴趣。

现在尝试根据这段文字绘图！把其中涉及的所有概念都绘制在一张纸上几乎是不可能的。因此，通过每次只考虑一个层次上的抽象来绘图，能够迫使我们理清思路。绘图虽然不能自动解决混合抽象层次的问题，但比起晦涩的文字描述，能让你更清楚地看清这些问题，远看可能不会像近看那么糟。有个众所周知的德国谚语"Papier ist geduldig"（纸有耐心），意思是，你可以在纸上胡写乱写，纸不会反对，但图可没那么有耐心。

3. 去除冗余，直抵本质

广告牌那么大的数据库模式海报，能包含每个数据表，也的确保持在单个层次的抽象上，但基本上没什么用处，因为它们**没有强调重点**（参见 3.3 节），特别是想把它们缩放在一张幻灯片页面时。忽略细枝末节，专注问题本质。

4. 寻求平衡和谐

限制抽象层次和范围并不能确保得出有用的图。好的图会对重要元素进行布局，以便让它们按照逻辑关系分组，相互关系自然清晰，并且呈现出整体的平衡和谐。如果没有呈现出这种平衡，那可能是因为你的系统本身就不具备。

我曾经审查过一个小模块的代码，其中的类和关系相当乱。当我和开发人员试图将这个模块文档化时，我们根本无法想出一个像样的方法来搞清楚它到底在做什么。经过反复尝试，我们最终绘制出一幅看起来像是数据处理管道的图。随后，我们重构了原先乱糟糟的代码以匹配这个新的系统隐喻。这幅图显著改善了代码的结构和可测试性，感谢图驱动设计！

5. 表明不确定度

在查看代码片段时，弄清它做了**什么**总是很容易的，但是要理解它**为什么**那么做就很难了。要弄清楚哪些决策是有意做出的，哪些又是无意得出的就更难了。当我们绘图时，有很多便捷工具能表达出这些细微差别，比如你可以用一个手绘草图来表示它只是一个讨论的基础，而不是展现最终事实的工程蓝图。很多书，包括 Eric Evans 的书，都很好地应用了这种技术，以避免**精确度和准确度的困境**："下周温度大概是 15.235 摄氏度。"如果你知道数据不准确，就不要制作看起来精确的幻灯片。

6. 图是艺术品

图可以（也应该）是赏心悦目的，甚至就是小型艺术作品。我坚信系统设计与艺术和（非技术）设计密切相关。可视化设计和技术设计都是从空白状态开始，而且几乎有无限的可能性。决策通常会受多个、常常相互冲突的力量的影响。好的设计能为解决这些冲突提供可用的方案，呈现出良好的平衡和某种程度的美。这也许可以解释我的很多优秀（软件）设计师和架构师朋友们为什么会有一些艺术特长或（至少是）爱好。

3.6.4　没有银弹（点）

作为设计技术，不是所有的图都是有用的。乱七八糟的绘图不会让你的糟糕设计看起来更好。看似漂亮的**市场营销架构图**也没什么价值，因为它们和正在构建的实际系统关系不大。但是在技术讨论里，我发现过很多次，好的图能极大地改善对话过程和最终的设计决策。如果你无法绘制出好的图（不是因为缺乏技能），那么可能只是因为你的实际系统结构就不是它应该有的样子。

3.7 绘制连线

没有连线的架构很可能不是架构

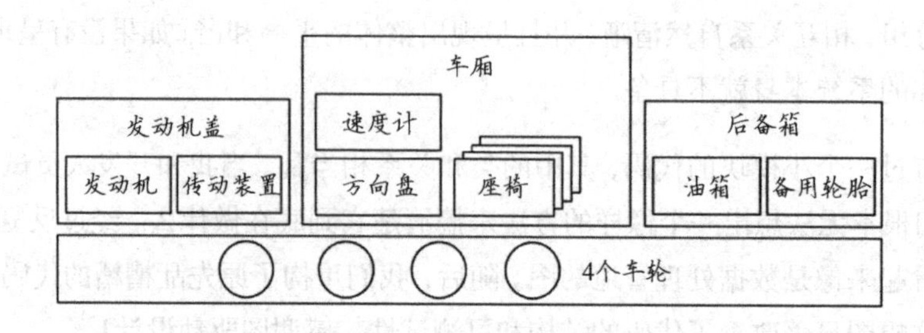

汽车的功能架构

上图描绘了汽车的架构，包括汽车的所有重要组件和它们的相互关系：发动机在发动机盖下；乘客座椅正好位于乘客舱内并靠近方向盘；车轮也好好地安装在汽车底盘下。这幅图貌似符合了架构的大多数定义［唯独少了我最看重的一点，因为我在**寻找决策**（参见 2.2 节）］。

然而，这幅图对你理解汽车如何工作几乎没有帮助：油箱离发动机那么远，能忽略掉它吗？发动机和传动装置在发动机盖下，是巧合还是有什么特殊关系？汽车必须有 4 个轮子，还是说 3 个也可以？如果要分步安装汽车，应该先组装哪一部分？从带有座椅的乘客舱开始是个好的选择吗？你又该如何分辨车的好坏？哪些方面看起来是所有车共有的（比如，轮子都在底部）？哪些方面又是会变化的（保时捷 911、大众甲壳虫和德罗宁的车主会一眼指出他们的发动机并不在发动机盖下）？

这幅图没有回答上述任何问题。它描述了组件的位置，但并没有传达各个组件在整个"汽车"系统里的关系和作用。虽然它事实正确，也有足够的细节，但不能让我们理解正在描述的系统，特别是系统的行为。巧合的是，它也不是一个好的**图驱动设计**示例。

3.7.1 注意连线

图中缺失的关键元素就是组件之间的连线。没有连线，就很难表现丰富的关系。连线如此重要，它和线框以及标签就足以构成 Kent Beck 半开玩笑说的**银河系建模语言**（Galactic Modeling Language，GML）。没有连线，建模语言就表达不了什么。还有，正如我们经常说的，"连线要比线框有意思得多"。哪些地方经常会出错？在两个经过完备测试的组件集成的地方。需要关注哪里来达到强耦合或松散耦合？答案是线框之间。如何区分结构良好的架构和**大泥球架构**（Big Ball of Mud）[①]？当然是通过连线。

因此，当看到一幅没有任何连线的架构图时，我就会怀疑它是不是一个对架构有意义的描述。遗憾的是，我见过的很多图无法通过这项简单的测试。

3.7.2 元模型

说本节开始的那幅图里没有展示任何关系也不完全正确，因为图里包括了两种主要的组件关系。

- **包含关系**，即线框可以包含另一个线框。
- **接近关系**，即有些线框紧挨着，而其他线框离得比较远。

在这幅图里，**包含关系**在现实世界里有对应的语义：座椅就是位于客舱的内部，发动机盖（更准确地说是发动机舱）盖住了发动机和传动装置。发动机和传动装置也紧挨着，使它们产生了**接近关系**，这表示它们之间有很强的联系：二者缺一不可。这幅图里的**接近关系**的语义相对较弱：油箱和备用轮胎也相互接近，但它们在功能上并没有任何关系。图中对现实生活接近关系的模糊对应无法和功能关联起来，因此，呈现出的是逻辑和物理关系的奇怪组合。

我通常会质疑那些把组件间关系限定为包含关系的图，就像这幅汽车架构图，很难让人理解系统。推导和理解系统是绘制（架构）图的主要目的之一，所以我们要做得更好。

只基于包含关系和接近关系的图通常就像缩进的项目符号列表：子项目列表包含在外部项目列表里，同一层级里紧挨着的项目符号之间就是接近关系。在我们的例子里，你可能会得出像下面这样的列表（这里只展示一部分以避免出现因**项目符号致死的情况**[②]）：

- 发动机盖
  - 发动机
  - 传动装置
- 客舱
  - 速度计

① 参见 Foote、Harrison 和 Rohnert 的著作，*Pattern Languages of Program Design 4*。

② 这是指在 3.6 节里作者提到的因为项目符号导致哥伦比亚航天飞机返航失事的情况。作者这里想表达的是图里只有包含关系就好像文档里只有项目符号一样不好。——译者注

- 方向盘
- 4个座椅

在这个例子里，图中内容并不多，列表和图像只是相同树结构的不同投影。人们都说意图编程（intentional programming）很难！比起列表，你可能更喜欢图像，但是你必须明白这两种表现在表达形式上有同样的优缺点。图像里有尺寸和线框形状，这些是文字列表所不具备的。不过在这个例子里，尺寸和形状所表达的语义并不清晰：除了轮子是圆形的，其他组件都是长方形的。这是对现实的粗略近似，对推导和理解系统没什么帮助。

3.7.3 语义学的语义

当第一次被告知“UML 序列图的语义比较弱”时，我就怀疑这种学究气的声明是否和作为普通编程人员的我有什么关系。简单的回答是“是的，有些弱”。在UML 2之前，序列图尽管支持并行的表达，却只能描绘对象之间一个可能的交互顺序。它无法表达所有合法的交互顺序，比如循环（重复交互）或者分支（要么……要么……的选择）。因为循环和分支是一些基础的流程控制结构，所以序列图的弱语义会让循环和分支这两种规范显得毫无用处。UML 2虽然改善了语义，但付出了可读性降低的代价。

为什么这么担心图的语义？设计图或者工程绘图的目的就是让观者理解系统，特别是系统行为。因此，说一幅图就是一个模型肯定是错误的（参见1.5节）。然而，它是有用的，比如允许观者推导和理解系统。可视化元素，比如线框和连线，必须清晰地映射到抽象的概念上，这样观者可以在他的大脑中构建模型。为了让观者明白图像的含义，可视化元素需要语义：语义学就是对语言意义的研究。

3.7.4 元素-关系-行为

如果没有连线，就不可能确定系统的行为，就好像做饭时有了所有食材却没有菜谱。食物口感的好坏主要取决于准备制作的方式：土豆有很多种做法，比如炸薯条、烤土豆、煮土豆、土豆泥、煎土豆、炸土豆饼，等等。因此，一幅有意义的架构图需要描绘组件之间的关系，并且提供这些关系的语义。

电路图是系统行为严重依赖于组件间连接关系的典型例子。模拟电路中最为全能的器件之一就是运算放大器，简称运放。配合几个电阻和一两个电容，这种元件可以作为比较器、放大器、反向放大器、微分器、过滤器、振荡器、波形发生器，等等——有关运放电路的书有很多。变化多端的系统行为并不依赖于原件列表，而是仅仅依赖于它们的连接方式。在 IT 世界，数据库可以当作缓存、账簿、文件存储、数据存储、内容存储、队列、配置输入，等等。数据库可以有这么多种用途，最根本的是它和周边元件的连接方式，就像运放一样。

3.7.5 架构图

你可能觉得这也就是在讨论一幅手工绘制的汽车草图，但我的确看到过很多没有任何连线的架构图。这些图确实描绘了接近关系，但那只是因为有些线框必须相邻，但是这种事实所对应的语义还是不清楚。如果你够幸运，接近关系会表达一种自顶向下的“分层”形式，这反而意味着“顶层”依赖于“更低层”的事物。在最糟糕的情况里，接近关系就是由作者绘制线框的顺序所定义的。

所谓的“功能图”或者“功能架构”中很可能会没有连线。这些图倾向于列出执行某项业务功能的能力。比如，为了管理客户关系，你需要客户渠道、活动管理和报告指示板等。这组功能构成了一个所需事物的“清单”，但是并不比列出屋子的窗户、门和房顶更像架构。因此，我喜欢以文字列表的方式表达这种清单信息，这样可以让它和图之间的区别更明显一些。把文字简单地包在线框里并不能构成架构。

3.7.6 UML

提到连线，UML 有很多漂亮的连线风格：在类图里，类（线框）可以通过关联（简单的连线）、聚合（连线一端有空心菱形符号）、组合（连线一端有实心菱形符号），或者泛化（连线一端有三角形符号）等关系连接起来。导航性可以用开箭头表示，依赖关系可以用虚线表示。除此之外，**多重性**，比如卡车有 4~8 个轮子，但只有一个发动机，可以添加到关系线中。事实上，UML 类图支持很多种类的关系，Martin Flower 在他的著作《UML 精粹》中分两章对此进行了讨论。有意思的是，UML 也允许通过连线或者**包含**的方式来可视化表达**组合关系**，比如在一个线框里绘制另外一个。

有这么丰富的视觉词汇，为什么还要自己再发明一套呢？UML 标记的挑战在于，只有实际读过《UML 精粹》或者 UML 规范文档后，你才能清楚类之间关系语义的细微差别。这也是 UML 图在面向广大受众时不怎么有用的原因：实心菱形对比空心菱形，或者实线对比虚线的可视化含义不够直观。这个时候，包含关系的表达会更有效果：一个线框里有另外一个线框，它们之间的关系很容易理解，无须额外说明。

3.7.7 警惕过度应用

过犹不及也是一种常见情形。我见过一些图，其中的元素有不同的形状、尺寸、颜色、边宽；连线有实线箭头、开口箭头、无箭头、断续线、点划线，而且颜色也不同。这种情况要么因为视觉变化凌乱根本没有意义，实际上就是干扰；要么因为元模型太过复杂（或者费解），一幅图不足以正确表达这个模型。我的原则是，图中的任何视觉变化都应该有意义，即语义。如果没有，那么这种变化就应该被消除，以减少视觉干扰。这些视觉干扰只会分散观者的注意力，更糟糕的是，观者还可能会尝试把这些干扰解析为并不存在的语义。因为你无法窥探观者的想法，所以很难发现这种误解。简而言之，让所有线框有同样的尺寸并不会影响你的艺术天赋，反而能让观者更清楚，在图对应的模型里，所有线框都有同样的属性。

有关制图或绘图的标准，可以参考 Tufte 的 *The Visual Display of Quantitative Information*，以及他后续出版的书。这些书一开始只讨论数字化信息的显示，后面的几本涵盖方面更广，其中有很多例子，用来展示如何在始终清晰易懂的图中包含复杂的概念。

3.7.8 元素风格

随着时间的推移，大多数架构师会形成自己特有的视觉风格。我的图倾向于使用粗体和大写字体，因为相对美学我更重视可读性。也许有些观者会觉得它们有点卡通化，但是我觉得挺好。我的图始终有可见的连线，但是只会为连线赋予两个或者最多三个语义概念。使用连线表达的每种关系都应该很直观。比如，我会用灰色宽箭头描绘数据流，而用黑色细箭头展示控制流。连线的宽度表示：有大量数据流经系统的数据流，而流经控制流的数据则少一些，但同样很重要。借用有关写作的建议，较好的视觉风格就是“始终只让想表达的想法可见”[1]。

① 参见 Jacques Barzun 的著作，*Simple & Direct*。

第4章

组　织

企业里的架构师因为恰恰处在技术世界和业务世界的交汇地，所以需要和不同层级、不同职能的人打交道，比如CIO、COO、业务运营主管、销售人员、IT运营人员以及开发人员，等等。因此，好的架构师不仅要理解系统组件之间的关系，而且也要清楚在这个称为**组织**的大型动态系统里人际和部门间的关系。

静态视图

组织结构图是最常见的描绘方式，简称为组织图。这些组织图描绘了上下级汇报关系，其中角色的重要性可以通过距CEO的远近来判定。以我自己为例，我位于部门的第1层级，整个公司的第3层级。假设按计算机科学领域的传统从0开始计数，那么层级关系如下：CEO→集团COO→分区CEO→我。在大型组织里，这样的位置还不错，还有很多人位于第6层级或第7层级。有计算机专业背景的人可能会把组织图看作树结构，即只有单根节点的有向无环图（数学专业的人会把树看成无向图，这样看也可以）。

动态视图

静态视图无法体现组织里的人员如何协作。工程、制造、市场和财务等部门可能被描绘为组织金字塔里独立的支柱。然而，在现实中，工程部门设计的产品必须能可靠地制造出来，出售给客户，并且从销售中获利。组织结构很难定义组织如何运转，实际的运转通过这些职能部门（大多数组织具有前面提到的几个职能部门）的协作进行：开发周期是快还是慢，工作流程是传统瀑布模型还是敏捷模型，谁来和客户沟通（有趣的是，这些人并没有出现在组织图里）？

通常，同事之间通过日常的交谈来解决问题，无须沿着组织金字塔中的汇报链进行。这种直接沟通的方式很好，如果不这样做，管理者很快就会变成沟通的瓶颈。很多情况下，组织图只描绘了组织的**控制流**，比如批准预算申请的流程，而**数据流**则更加开放和动态。讽刺的是，很少有组织图描绘了人们实际的相互协作方式。部分原因可能是，这种实际的数据很难收集；其他原因可能是，这种图或许看起来不像组织金字塔图那样简单明了。

当人们通过系统协作和沟通时，才能更容易地发现实际的动态组织结构。比如，如果开发人员通过版本控制系统协作，就可以通过分析代码评审和签入批准来观察实际发生的协作。谷歌也有一个有趣的系统，它允许你查看某个员工的周围坐着哪些人。因为沟通与协作常常要基于面对面的对话，所以物理层面上的接近程度比组织结构图更能预测协作模式。

矩阵

在大型组织里，人们可能有多条汇报线：对项目经理的“虚线”和对部门经理或“顶头上司”的“实线”。**矩阵型组织**通常有这样纵横交错的汇报结构。在这种组织里，人们横向汇报给项目经理，纵向汇报给部门经理，或者相反。如果你不太理解并且觉得这种形式有点别扭，请放宽心，不只是你有这种感觉。能够高效交付成果的组织通常会规避这种汇报结构，他们会确保人员全身心投入单个项目，并只对该项目负责。我通常会开玩笑地说，一个项目中的所有人员就像是乘坐同一艘船，这艘船既没有救生衣，又没有来自其他部门的救生绳。整个团队需要有福同享、有难同当。不过不用担心，他们都会游泳。

系统化组织

作为架构师，我们精通系统设计，知道何时运用水平扩展、松散耦合和缓冲等。我们通常也接受过系统化思维的训练，这能教会我们如何推导和理解系统中元素之间的关系和整个系统的行为，比如由正反馈或负反馈循环驱动的关系。然而，我们常常会在对组织结构应用这些合理的规则时变得犹豫，因为组织里都是实实在在的面孔，如果要把周围的那些优秀及平凡的同事变成某些系统架构中的线框和连线，会让我们感觉很糟糕。然而，大型组织的行为是个系统，而非个人。因此，作为架构师，我们也应该用合理的系统化思维去理解和影响大型组织。

人性化组织

抛开所有理性思考，组织本身是由人组成的。我们不能忘记，工作对于组织中的很多人而言只是生活中很小的一部分：他们既要养家糊口又要照顾家人，生了病要看医生，家里物品坏了要维修，宿醉后要恢复。理解人员的情绪和动机是理解组织的前提。这对于习惯用左脑思考的架构师来说并不容易，但这是他们需要具备的能力。你需要经常做做这种思维瑜伽。

理解大型组织

这一章会展示如何从不同角度理解组织。

- ❑ 命令控制结构有何初衷，为什么这种结构在现实中有悖初衷？这是因为**控制只是假象**。
- ❑ **金字塔**在 4500 多年前就过时了，为什么依然大量存在于 IT 系统和组织图里？
- ❑ **黑市**如何弥补命令控制结构不够灵活这一缺点，却又如何引发一组新的问题？
- ❑ 如何在**扩展组织**时应用扩展分布式计算系统的经验？
- ❑ 为什么快速移动的事物看起来很混乱，而缓慢移动的事物看起来似乎配合得很协调，但事实通常不是这样的？这是因为**缓慢的混乱**。
- ❑ 为什么行政治理很难，但**通过盗梦植入想法**会容易一些？

4.1 控制只是假象

是时候讲些你最想听的了

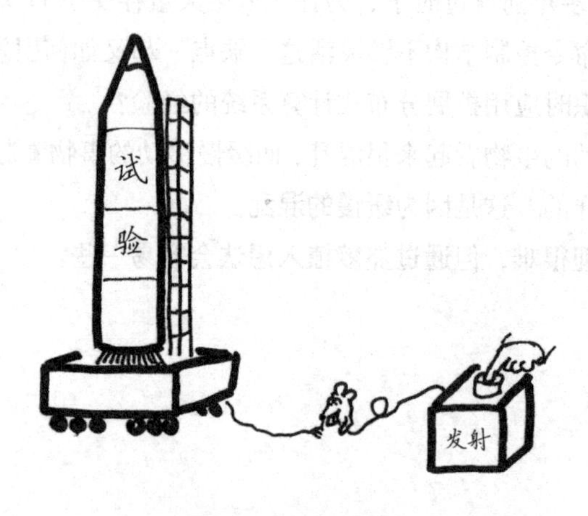

谁在控制发射

以前在亚洲工作时，我养成了一个习惯，就是在给大家演示前先分享一些个人信息。我喜欢这样做，因为这样并不是在炫耀职业光环，而是在给观众展示你的背景信息，这有助于他们更好地理解你的思维是如何形成的。有一次，我在给中东欧、中东和非洲区的一些COO和CIO演讲时，开场幻灯片以**圆形徽章**（很多人在20世纪80年代佩戴过它）的形式总结了我的核心理念。其中有个口号立即得到了大家的关注，这个口号就是“控制只是假象”。随后我的解释吸引了更多的关注，因为我的解释是，当别人说的是你想听的东西的时候，你会觉得自己在掌握着局面。

4.1.1 假象

控制怎么会是假象？“控制”是基于这样的假设：一个自顶向下发出的指令被执行了，也取得了预期的效果。这可能是一个很大的假象。如果只是高高在上发号施令，而不是和执行者们并肩工作，你又如何知道指令是被执行了呢？你可能会依赖管理状态报告，但这又是另一个重要假设：报告里的信息反映了现实。这也许是另一个大假象。

Steven Denning使用术语“表面控制”与“实际控制”进行对比，来描述这种存在于大型组织里的现象。另一个更具讽刺意义的说法是这样的：精神病人运营着精神病院。不论哪种情况，都不是你希望组织进入的状态。

4.1.2 控制回路

为了理解认知现实和真实现实的差异从何而来，我们有必要先简单地看一下控制理论。室内恒温器等控制回路说明了控制并不是单向的：开关火炉看似能控制部分系统，但是实际的控制回路是根据一个封闭的反馈回路来保持温度恒定的。在这个封闭的反馈回路里，打开火炉对室内加热，同时恒温器测量室温，当达到目标温度时，再关闭火炉。控制回路基于一些**传感器**（如室温传感器）和一些**行动器**（如火炉），可以影响系统。

反馈回路能够弥补某些外部因素的影响，比如有人打开窗户，室温受外部影响。控制回路不能预先计算好加热时间来达到设定的室温。相反，控制回路被设置了一个特定的目标，"控制器"使用传感器持续测量目标是否达到，并采取相应的行动。有人很快会想到这和项目规划很相像，人们通常在项目刚开始时就试图预测所有相关方面，随后努力消除一切干扰。这就好像只把暖气开了两个小时，然后把房间不够暖和归咎于寒冷的天气。

4.1.3 智能控制

有些控制回路通过接收更多的外部信号来改善它们驱动系统的方式。比如，我的加热器会测量室外温度来预测通过墙壁和窗户流失的热量。谷歌的"Nest"恒温器更先进一些：它接受更多的信息，比如天气预报（太阳能让房屋热起来）以及你通常什么时候在家或外出；它还学习系统行为，比如加热系统的惯性（要是等室内温度达到目标值时才关闭火炉很可能让房间过热，因为散热器会继续散发残留的热量），或者房屋的密封程度（当室外寒冷时，这会影响到需要额外增加多少供暖）。"Nest"被称为"学习型"或"智能"的室内恒温器——它接收更多的反馈，并且根据反馈优化其行为。要是我们能够坚持在项目管理中应用同样的技术，那该多好。

4.1.4 双行道

Jeff Sussna在他的著作*Designing Delivery*中描述了反馈回路的重要性，并且引入了**控制论**的概念。大多数人听到控制论这个词时，会想到半机械人和终结者[①]。但实际上，控制论只是一个关于"动物体和机器之间控制和通信"的研究领域，其中的控制和通信几乎总是基于一个封闭的信号回路的。

当我们把大型组织描绘成"命令–控制"结构时，通常只关注自顶向下的操控部分，而很少

① 控制论英文单词是Cybernetics，半机械人英文单词是cyborg，终结者引文单词是terminator，控制论看起来像是后两者的合成词。——译者注

关注来自“传感器”的反馈。然而，不使用传感器就意味着盲目飞行，可能还有点控制的感觉，但已经脱离了实际。这就好像在漆黑的夜晚开车，尽管双手还在转动方向盘，却因为没有光亮而对车实际往哪开一无所知——这是多么愚蠢的想法！令人惊讶的是，这种近似荒谬的行为已经在大型组织或系统里扎根蔓延开了。

4.1.5 反馈中的问题

即使组织使用了传感器，也并不代表所有传感器传达的反馈都是有效的，比如从错误的状态报告中获取了信息。任何听说过**西瓜状态**这个词的人都明白：这些项目对外展示的状态是“绿色”的，但内部实际是“红色”的，这就意味着，它们表面上进展顺利，实际上却存在着严重的问题。当看到某些高级主管对幻灯片信任有加时，你可能会希望幻灯片里除了有内置的拼写检查外，还有一个测谎器。

数字化企业通常对作假的演示文稿和“组织过的”消息持怀疑态度，他们更相信也更喜欢展示在实时业务指标面板上的硬数据。日本谷歌移动广告团队是这么做的：团队每周都会回顾所有广告实验的效果，进行A/B测试来决定哪些实验应该加入产品，哪些应该被拒绝，还有哪些需要运行更久再下结论。这些决策基于用户产生的硬数据，而不是幻灯片或者空口承诺。这有时会令人沮丧，因为单单让解决方案运行起来并不会得到多少赞许——谷歌的工程师们也是这样想的。只有受到实际用户关注后，真正的认可才会出现，因为来自用户的硬数据很难弄虚作假。

这并不是说企业项目管理者和他们的状态报告都是完全骗人的，但是他们会倾向于做一些文字修饰来让项目看起来不错，或者只是显得过于乐观。“泰坦尼克号首航后，有700名乘客开心地抵达了纽约”[①]，这样的描述虽然事实正确，但决不是你想要看到的状态报告。

4.1.6 普鲁士人并不笨

在提及命令控制结构时，人们很快会联想到军队，毕竟，军队是由众多的“指挥官”运作的。大家常说的笨拙但又具备“铁律”的军队组织就是普鲁士军队。对于生活在德国南部巴伐利亚的人来说，普鲁士人在他们脑海中一直就是“Saupreiß”，这个德语单词的意思是**普鲁士猪**，这是一个对于像我这样出生在法兰克福或其以北地区人的蔑称。

讽刺的是，普鲁士军队非常清楚单向控制就是假象的道理。在18世纪早期，普鲁士军队少将卡尔·冯·克劳维茨撰写了1000页的鸿篇巨著《战争论》。他在其中提出了**矛盾起源**：外部差

① 泰坦尼克号沉船事故有700名幸存者。——译者注

距是期望结果和（不确定的）实际结果之间的缺口，内部差距则是组织的规划和行动之间的缺口。Stephon Bungay 在他的著作 *The Art of Action* 中将这一概念扩展成了 3 个差距：**知识差距**是期望知道和实际知道之间的缺口，**校准差距**是计划和行动之间的缺口，**效果差距**是行动的期望效果和实际效果之间的缺口。普鲁士人知道尝试消除这些差距行不通。相反，他们**任务指令**（德语原文 **Auftragstaktik**）的概念用**任务**或**指令**来替代具体命令，这允许军队针对无法预期的状况做相应的调整，而且无须向中央指挥部报告。任务指令并不代表人们可以为所欲为，它基于纪律，但**主动的纪律**尊重指挥官的意图，并不是要求盲目执行的**被动服从**。因此，普鲁士人根本就不笨[①]。

4.1.7　实际控制

我们跳出军队的环境，回到大型 IT 组织的世界。在一个组织里，你如何才能获得实际控制，而不是虚幻的控制？根据我的经验，你需要 3 样东西。

(1) **赋能**：这听起来不值一提，但你首先要能让人们完成他们的工作。可悲的是，企业 IT 部门有很多让员工失去行动能力的机制：人力资源流程会限制招聘，服务器要 4 周才能分配好，**黑市**（参见 4.3 节）是新员工无法触及的。就像通往火炉的燃气管道堵塞了，连接这个火炉的恒温器也就没什么作用了。

(2) **自治**：让员工自己弄清如何达成目标，因为这样他们才有允许学习和改善的最短**反馈回路**（参见 5.4 节）。你让恒温器决定何时开关火炉，所以请让自己的团队做同样的事情。

(3) **压力**：为团队设置非常具体的目标，比如，产生的收益或者可量化的用户参与度指标。只有设置了目标室内温度，室内恒温器才有用。

如果你忽略了上述元素中的任何一个，系统就无法运作起来：没有赋能的压力会导致项目没有任何进展，同时还会带来很多挫败感；没有压力的自治无法让团队认真对待项目；而没有自治的压力又会扼杀创新。

4.1.8　预警系统

虽然控制电路的工作是使系统保持稳定状态，而无须人工对其进行监控，但在大环境中观察它的行为是非常有用的。比如，如果强风供暖系统里的空气过滤器堵塞了，或者火炉里堆积了太多的烟尘，在同样的室内外温度的条件下，供暖系统会花更长的时间才能让房间变暖。这种情况下，智能控制系统可以测量恒温器占空比，能提示系统不再像往常一样高效运行。“智能”Nest

① 本节标题德语原文是 Saupreiß, net so Damischer，和本段最后一句话相互呼应。——译者注

室内恒温器就有这样的功能。因此，控制回路不应该是“黑盒”，而应该基于它所“学习”到的东西来公开健康指标。

我对服务器自动扩展等备受吹捧的云特性持谨慎的态度，其中一个原因是这些特性虽然能够在无须人工干预的情况下吸收突发的负载峰值，但同时也掩盖了严重的问题。比如，如果软件新版本性能糟糕，基础设施就会尝试通过部署更多的服务器来自动抵消这个问题。

只有你把控制看作向目标引导同时又补偿外部影响的方法，再加上对系统行为的仔细观察，控制才能不再是假象。

4.2 他们不再那样构建了

IT 人员钟爱金字塔

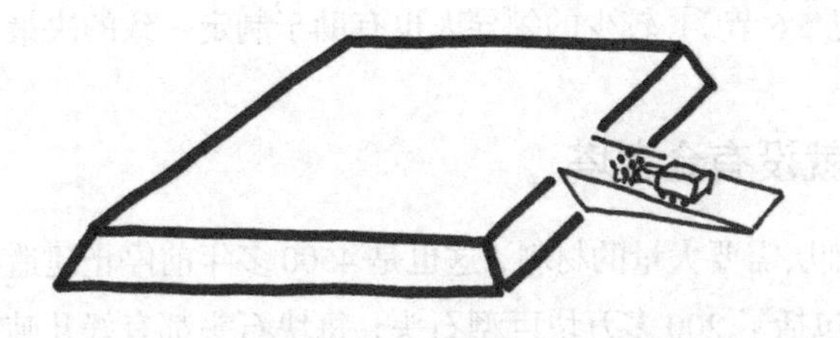

完成了 30%工作量的大金字塔

巍峨的金字塔是令人称奇的建筑，即使在建成的几千年后，依然吸引着大批游客。吸引大家的不仅仅是工程上的奇迹，比如完美的对齐和平衡设计，也因为金字塔本身就难得一见。除了 1 美元纸币外，只有在埃及、美洲中部以及 IT 组织里，你才能找到它们。

4.2.1 为什么 IT 架构师钟爱金字塔

在 IT 架构图中，金字塔结构是一种相当常见的景观，它倾向于给架构师，特别是那些靠近顶层豪华套间的架构师，一种明显的满足感。大多数情况下，金字塔图表示一种分层的概念，其中基础层包括了上层通常需要的功能。比如，基础层可以包含一个开源应用程序框架，中间层是个自定义应用程序，顶层是客户相关的**配置**（参见 2.4 节）。在系统架构中，分层是一种非常流行且有用的概念，因为它把系统组件之间的依赖关系限定为单向关系，这和**大泥球**（参见 2.2 节）架构恰恰相反。

将多个层次描绘成金字塔形状，意味着相比于提供大多数公共功能的基础层，上层的规模更小、更专业。IT 人员很迷恋这种模型，因为它暗示了基础层对于不同的应用程序和业务都是一样的，其中的大部分代码可以共用或获得。比如，一个更好的对象映射框架或者计费等常见业务组件不太可能为业务提供竞争优势，因此应该直接重用或者购买已有的组件。同时，必要且有价值的定制化工作可以在顶层以相对较少的工作量或者由技能较少的员工完成。这个类比在吉萨金字塔群里也一样，金字塔顶部 1/3 只会消耗大概 4%的材料。

4.2.2 组织金字塔

描绘组织结构的幻灯片是另外一个布满金字塔的地方，在这里，金字塔也被称为层级结构。

几乎所有组织都分层：多个**低层**的员工向同一上层管理者汇报，最终形成了一个有向**树图**，把这个树图颠倒过来看，就像一座金字塔。即使是“扁平化”的组织也倾向于有某种层级结构，其中的某个人通常会作为主席或者 CEO。这样的设置是有道理的，因为指导下属工作要比自己实际开展工作耗费更少的精力，这也意味着，组织里需要的管理者或上级比工作人员要少［除非这些组织是在**尝试用金钱买爱情**（参见 5.6 节）］。较少的领导人也有助于制定一致的决策和设置明确的战略方向。

4.2.3 没有法老，就没有金字塔

但是，金字塔的基础层需要大量的材料，这也是 4500 多年前停止建造金字塔的一个充分理由。据估算，吉萨大金字塔包括了 200 多万块巨型石头，每块石头都有好几吨重。假设劳工们在 10 年间夜以继日地辛勤劳作，他们必须做到平均每**分钟**搬动 3 块大型石灰岩。单单是底层 50 米高这部分就需要消耗整座金字塔 2/3 的建筑材料。毫无疑问，建成的金字塔作为人类建筑史上的奇迹会万古长存，但是它的建造过程很难被看作是高效的。只有在具备大量廉价或强迫性劳力（历史学家依然在争论建造金字塔的劳力是奴隶还是付费劳工）或者法老有多得让人难以置信的财富时，建造金字塔才具备经济效益。除了需要考虑资源外，建造金字塔也需要很大的耐心，因此建造金字塔并不符合**速度经济**（参见 5.3 节）。要知道，埃及的一些金字塔甚至在当任法老去世时还未完工。

我们在 IT 系统设计中发现的功能金字塔面临另外一个挑战，因为构建基础层的人们不仅要搬动大量的材料，而且还要预料那些构建上层结构的团队的需求。自底向上建造金字塔的方式违背了“重用前先可用”的原则：为后面重用设计的功能却没有实际使用过，这充其量只能算是猜谜游戏。这也很危险地忽略了**构建–衡量–学习循环**（参见 5.4 节），**即从观察实际使用情况中学习所需内容**。

不仅仅是金字塔，对于任何分层系统而言，定义恰当的层间**接口**都会是个挑战。做得好，这些接口构成抽象，这些抽象能够在为上层预留**足够的灵活性**的同时隐藏下层的复杂性。运行良好的实例很少见，但是如果实现得很好，就可以引发大的变革，比如，对数据流（套接字）后基于数据包的网络路由的抽象就促使了互联网的出现。

4.2.4 建造金字塔

如果有人决定构建分层的金字塔系统，那么最好选择自顶向下的方式：从一个能够交付客户价值的具体应用程序开始。一旦有多个应用程序同时使用某个具体功能或特性，就把相关组件降级到金字塔中的较低层。这样做可以确保基础层包含的功能是实际需要的，而不是有些人，通常是那些脱离实际软件开发的**企业架构师**，认为可能会在未来某些时间和某些地方需要。

提前考虑某些需求，比如经常提到的对象关系映射框架，是可以的。然而，开发人员应该平衡框架引入的业务价值和认知负担。如果学习框架的过程需要耗时3周并且该框架里满是错误和挫折，那么放弃引入框架，从头构建应用程序可能会更好。

自顶向下构建金字塔通常也能在较低层产生更有用的API，因为这些接口的可用性可以立即测试。我见过的典型反例是服务层强迫客户端使用多个远程调用才能执行一个简单的功能。基础层架构师之所以选择这种方式，是因为从表面上看这个服务可以提供更高的灵活性。第一个针对这个接口编写代码的客户端开发人员在描述他的经历时说，只要涉及排序、部分失效和维护状态等众所周知的问题时，就会得到大部分类似于**拒绝**这样的无情回复。基础层开发团队反驳说，他们在原有服务层上已经增加了一个新的用于“增强交互”的**调度层**。他们这就是在用自底向上的方式构建金字塔。

构建金字塔在IT世界里很流行，因为金字塔基础层的完成能给实际项目的成功提供一个代理指标。这和开发人员钟爱构建框架类似：有人会设计和交付自己的需求，并在需求或实现没有经过任何实际用户检验的情况下，就宣称大功告成。换句话说，设计金字塔基础层允许**顶层豪华套间里的架构师**（参见1.1节）声称他们和发动机房有联系，而且无须面对实际产品开发团队，或者更糟糕的是，实际客户的审查。讽刺的是，位于组织架构金字塔最高层的这些人很喜欢亲自设计IT系统金字塔的底层。原因很简单：构建成功的应用程序要比构建通用且未经验证的基础层更难。不幸的是，当问题出现时，几乎可以肯定的是，那些顶层豪华套间的架构师已经转战到另一个项目里了。

4.2.5 生活在金字塔里

虽然对IT人员构建金字塔系统有争论，但组织金字塔在很大程度上是存在的：我们都汇报给自己的老板，而老板也会汇报给他们的老板，以此类推。在大型组织里，我们通常根据企业层级结构中有多少人位于我们“上层”来定义自己的位置。对于一个组织而言，关键的考虑是他们是否真的**生活**在金字塔里，即是否沿着层级结构的汇报链沟通和决策。如果是这种情况，那么在这个习惯**速度经济**的时代，这样做的组织就会面临严重的问题。虽然金字塔结构是有效的，但它不够快速灵活：决策总是在层级结构里上下往返，而且常常会在**协调层**遇到瓶颈。

幸运的是，很多组织实际上并不是按照组织架构图描述的模式工作，而是遵循**特性团队或部落**的概念，这些团队或部落对单个产品或服务完全负责：决策被直接下发到最熟悉问题的人员所在的层次。这样做能够提供较短的反馈回路，因此可以加速制定决策。

有些组织则通过将**实践社区**覆盖在他们的结构层级上，把有共同兴趣和专业领域的人集中在一起，从而加速沟通。只有在具备**相应的权利和清晰的目标**（参见4.1节）时，社区才可以作为有用的变革推动者。否则，它们有可能会变成休闲社区，成为大家讨论和社交的藏身之处，无法产生可度量的成果。

那么，有人应该会想：为什么这些组织这么迷恋组织图？因为几乎所有的企业项目演示幻灯片的第二页都会用到组织图。我假设静态结构的语义理解负担要比动态结构小：如果图片中线框A和B是用连线连接起来的，观看者可以很容易推导出A和B是有联系的模型。人们几乎总是可以想象两个纸盒是由一条绳子连接起来的。动态模型更难内化吸收：如果A和B之间有多条连线描绘它们之间随着时间的交互，可能包括条件、并行和重复，这些会让观看者更难想象模型要描绘的事实。通常，只有动画才能让模型更加直观。因此，我们更满意静态结构的表现效果，即使理解**系统行为**通常要比看到系统结构更有用。

4.2.6 总能变得更糟

以金字塔方式运营组织不会高效，它会限制驱动创新所需的反馈循环。然而，有些组织还有更糟糕的金字塔模型：倒金字塔。在这种模型里，管理人员要比做实际工作的人员还要多。除了明显的不平衡外，**管理人员**获取更新和状态报告的必然需求也肯定会让工作过程停顿下来。这种可悲的设置会发生在习惯完全**依赖于外部供应商**完成IT实现工作的组织里，他们现在已经开始招募自己的IT专家了。倒金字塔模型也会出现在危机期间，比如主系统崩溃，这吸引了管理层太多的注意，以至于团队需要花费太多的时间来准备状态汇报电话会议，而不是解决实际问题。

当组织认识到问题是他们设置的层级金字塔结构所固有的时候，就会出现第二种反模式。此时，他们会用一个新的**项目组织**来补充已有的自顶向下的汇报组织（经常被称为**直线组织**）。这种组合通常被称为**矩阵型组织**，因为人们在他们的项目中有一条水平的报告线，在层次结构中有一条垂直的报告线。然而，如果组织不够灵活和自信，无法给予项目团队必要的自治权，就很容易造出第二座金字塔：项目金字塔。这个时候，员工们要面对的不止是一座金字塔，而是两座。

4.2.7 构建现代结构

如果金字塔这条路走不通，那么你又该如何构建系统呢？我把系统和组织的设计都看作一个迭代的、由业务价值驱动的动态过程。当构建IT系统时，你只应该增加新的能提供可衡量价值的组件。一旦你发现不少公共功能，把它们下推到公共基础层就好。如果你找不到这样的组件也没事，这只代表金字塔模型并不适合你现在的情况。

4.3 黑市并不有效

在自顶向下的组织里，事情是如何完成的

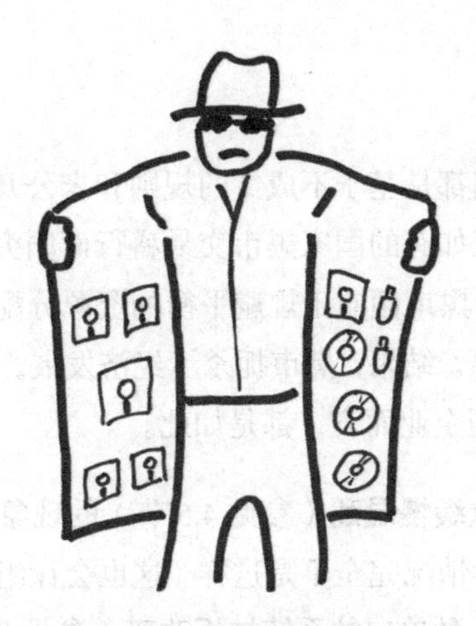

伙计，你要的我都有

对大型组织的一个常见抱怨是，他们的流程既慢又烦琐，这些流程旨在**施加控制**（参见 4.1 节），而不是支持人们快速完成自己的工作。比如，我有权做出影响数千万美元业务的技术决策，却要为购买一张 200 美元的机票申请领导的批示。当我的申请获得批准时，机票已经涨价了。

大多数组织认为这些流程对保持组织顺利运转至关重要。“如果每个人随便做自己想做的，怎么办”，这是一个最常见的理由。大多数组织从来不敢承认，他们这样做不是因为害怕混乱和蓄意的破坏，他们害怕的是，如果没有这些流程，一切都运转正常，就不再需要创建和管理流程的人了。

4.3.1 靠黑市来拯救

讽刺的是，在法律和秩序的掩盖下，这些组织一直都非常清楚他们的流程会阻碍进步。这就是为什么这些组织会容忍“黑市”的存在，因为在那里无须遵守那些自己强加的流程，事情可以快速但不规范地完成。这种黑市经常会通过一些类似于“我知道找谁”的方式搞定一些事情快速完成。你急需服务器？无须遵循标准流程，只要给你的好朋友打个电话，因为他有能力“获取一些资源”。你也可以通过正式的高优先级订单流程快速得到所需的服务器，只是价格会高一些。绕过这一流程，为那些人际关系很好的人开小灶，这就是“黑市”。

另一种类型的黑市源于“高层人士”。虽然提供不同的服务水平（包括“贵宾服务”）并不算罕见，但为了服务高管，就不顾最初由管理层强加的流程或安全约束，这也是一个黑市。比如，高管们能够持有新潮的移动设备，而如果员工持有，就被认为是不安全的，全然不顾通常高管的设备才包含大量敏感数据的事实。

4.3.2 黑市很少有效

这些例子的共同点是，它们都是基于不成文的规则和未公开的，有时甚至是秘密的关系。因此黑市很少能有效解决问题，正如有的国家黑市交易盛行而国穷民弊一样：黑市很难控制，那样会让政府失去急需的税收收入。黑市倾向于规避平衡的资源分配：那些有能力进入黑市的人将能获取别人无法获得的商品或优惠。结果，黑市扼杀了经济发展，因为它们无法让人们广泛而平等地获取资源。无论对国家和大型企业而言，都是如此。

在组织里，黑市经常会加重**缓慢混乱**（参见 4.5 节）的现象，而从组织外部看来，貌似一切都在有条不紊地进行着，但实际情况完全不是这样。这也会让组织的新成员很难获得动力，因为他们无法进入黑市，而这造成一种单向的**系统抗拒改变**（参见 2.3 节）。

黑市还会迫使员工学习黑市系统，从而导致效率低下。如何和黑市打交道是一门独有但未公开的组织知识。员工学习黑市耗费的时间不但没有为组织带来效益，而且还造成了实实在在的但很少被追究的成本。一旦获取了这些知识后，员工也没有什么收获，因为从组织外部看来，这些知识并未带来什么市场价值。讽刺的是，这种效果还会让大型组织容忍黑市的存在：它有助于让员工一直留在组织内，因为员工谙熟了这些未记录的流程、特殊的词汇以及黑市结构，而这些知识把员工和组织绑在了一起。

更糟糕的是，黑市打破了必要的反馈回路：如果因为布置服务器太慢，而无法在数字化世界竞争，组织就必须解决这个问题并加速服务器申请流程。以黑市的方式规避问题给管理层带来了虚幻的安全感，往往还伴有炮制出来的英雄主义：“我知道我们两天就可以搞定它。”亚马逊已经可以在几分钟内为 10 万用户完成服务器的部署。数字化转型是由**民主化**驱动的，也就是说，它能让每个人快速获取资源，而黑市的做法却与此格格不入。

4.3.3 你不能把黑市外包出去

黑市另一个很大的局限性就是它们不能外包。大型组织倾向于外包诸如人力资源和 IT 运作等公共流程，因为专门化的供应商有较高的规模效益和较低的成本结构。当然，外包服务只提供正式但低效的流程。因为现在服务由第三方供应商提供，流程是按照合同定义好的，所有非正式的黑市便捷之路都行不通了。从本质上讲，这些业务已经因按章怠工而放缓。因此，当那些依赖于内部黑市运转的组织将部分服务外包时，就会出现巨大的生产力损失。

4.3.4　打击黑市

如何才能避免通过黑市运作组织？严加管控也许是一种方式：就像美国缉毒局打击毒品黑市一样，你可以揪出那些黑市交易者并关闭黑市。然而，我们必须记住，IT 组织的黑市并没有从事非法交易，相反，人们会规避那些阻碍他们完成工作的流程。既然知道正是那些过分严格的控制流程才导致了黑市的出现，那么也不太可能再进一步加强管控了。尽管如此，还是有组织会尝试这样做，而这难免会南辕北辙（参见 2.3 节）。

避免黑市的唯一方法就是构建一个高效的合法交易市场，也就是"白市"，它不会阻碍流程，而是让流程发挥作用。高效的白市可以降低人们建立黑市系统的欲望，毕竟构建黑市也需要耗费一定的精力。如果只是尝试关闭黑市，却不提供可以发挥作用的白市，很可能招致反抗和造成生产力的大幅度倒退。自助服务系统是个剔除黑市的好工具，因为它们授予每个人同样的访问权限，消除了人与人之间的联系和摩擦，从而使这一流程民主化。如果能从具备快速配置能力的自带说明文档工具里订购 IT 基础设施，你就不太可能去想"通过走后门"来获取它。然而，想把未公开的流程自动化会相当困难，而且经常不受欢迎，因为它会更加凸显出**缓慢混乱**的现象。

4.3.5　反馈和透明度

黑市的产生通常源于那些烦琐的流程，这些流程的设计者偏好汇报或控制的方式，他们认为，在每个步骤都插入检查点或**质量门**能够提供精确的进度追踪和有价值的指标。然而，这些流程会让使用者克服无穷无尽的障碍才能完成工作。这就是为什么我从没有见过用户友好的 HR 或费用报销系统。这意味着不要有特别的 VIP 服务，但有足够帮助每个人的服务。HR 部门应该申请他们自己部门的岗位空缺，看看这一过程有多痛苦（正是因为这个原因，我申请了自己部门的岗位空缺）。

透明是消灭黑市的一剂良药。黑市从本质上讲就不透明，它只为一小部分人带来好处。一旦用户看到所有的正式流程公开透明，比如，订购服务器，他们可能就不愿意从黑市订购同样的东西，因为这样做肯定有一定的开销和不确定性。因此，完全的透明应该作为主要原则嵌入到组织系统中。

用高效的、民主的白市来取代黑市也能减少控制的假象：如果用户使用正式的、公开的自动化流程，组织就能观察到真正的行为，并施加相应的管控，比如，要求获得批准或添加用途说明，而黑市里并没有这样的机制。

清除黑市的最大障碍是，改善流程会有可衡量的前期成本，而黑市的成本通常无法衡量。这个差距会导致把不做改变的成本（参见5.1节）看得很低，反过来又会降低改变的动力。

4.4. 扩展组织

如何扩展组织？和扩展系统的方式一样

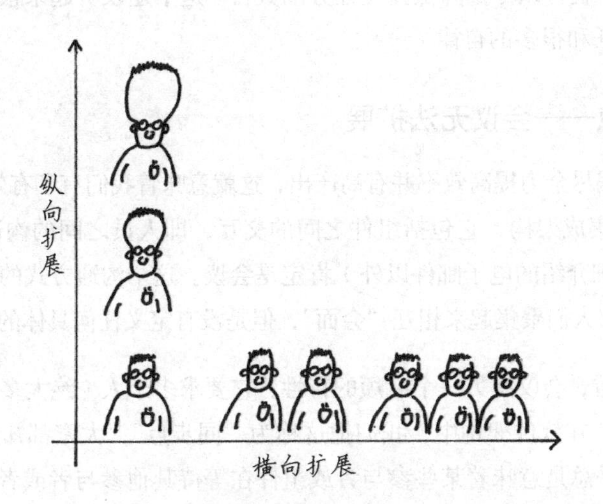

横向扩展似乎更自然

数字化世界到处和扩展性相关：数百万网站、每月几十亿次点击、数千兆字节的数据、更多的博客和图片上传。为了让这些运行起来，架构师已学了大量有关系统扩展的知识：让服务无状态化以便横向扩展，避免同步点以便最大化吞吐量，让事务本地化，减少同步远程通信，应用更智能的缓存策略，让变量名更短（这条只是开玩笑！）。

随着我们周围的一切都扩展到前所未有的吞吐量，进一步扩展的限制因素必然是我们这些人类用户以及我们工作所在的组织。有人可能想知道，为什么扩展和优化组织的吞吐量会被看作和软件系统扩展不一样的领域，我们这帮非常了解扩展知识的 IT 架构师却常常忽略了这个问题。我可能也会变成由于抽象层次过高而导致缺氧的**架构宇航员**（参见 2.1 节），但我认为架构师知晓很多与扩展性和性能有关的方法也可以用于组织的扩展。如果**咖啡店**（参见 2.1 节）能教会我们最大化系统吞吐量的知识，那么也许我们的 IT 系统设计知识能有助于提高组织的绩效！

4.4.1 组件设计——个人生产力

增加吞吐量要从每个人开始。有些人就是比其他人效率高 10 倍。对我而言，这是两个极端：当我“很有感觉”时，我的效率就超级高，但是当我被某件事情频繁打断或打扰时，我的效率也会急剧下降。因此我也给不了什么更好的个人建议，只能建议你参考很多已有的资料，比如 GTD

（Get Things Done，也就是把事情做完），这种方法建议你精简待办任务清单（这让喜欢“精益”方法的人很开心），并且把大任务分解为多个可立即执行的小任务。比如，“我真的应该替换旧的设备”变成了“这周末拜访 3 个经销商”。新的事项会进行分类，要么立即执行，要么暂缓，直至它可以被执行，这样就可以尽量降低并发任务的数目。这个建议听起来很好，但是成功实践它们总是需要一定的信任和很多的自律。

4.4.2 避免同步点——会议无法扩展

假设每个人都能竭尽全力提高效率并有高产出，这就意味着我们有了有效且高效的系统组件。现在，我们需要看看集成架构，它包括组件之间的交互，即人员之间的沟通。最常见的一个交互点（除了后面会详细介绍的电子邮件以外）肯定是**会议**。这个沟通方式的名字就让我们浑身起鸡皮疙瘩，因为它建议人们聚集起来相互“会面”，但是没有定义任何具体的日程、目标或成果。

从系统设计角度看，会议有另一个麻烦的特性：它要求多个人（绝大多数情况下）在同一时间出现在同一个地方。在软件架构中，我们把这称为“同步点”，大家都知道它是吞吐量的最大障碍之一。同步点几乎总是意味着某些参与者或组件在等待其他参与者或者组件（他们就是这样才变得“同步”），这种等待限制了系统的吞吐量。

在很多传统的组织里，从繁忙的日程表中找到一个会议时间段很可能需要一个月甚至更久。时间上的冲突明显影响了决策和项目的进展（参见 5.3 节）。虽然行政团队已经付出了很大的努力，但我的日程表上还是经常会有三四个会议出现在同样的时间段。这种效果类似于锁定数据库更新：如果很多进程尝试更新同一个表单记录，吞吐量就会急剧下滑。大型组织的绝大多数管理者会让行政团队作为**事务监视者**，这种方式则会凸显采用会议作为主交互模型所造成的巨大开销。更糟糕的是，排满的行程会让人们开始为“以防万一”预定时间段，这是一**种悲观的资源分配方式**，它与**系统行为**的预期效果恰好相反。

虽然会议可以用于头脑风暴、关键讨论或者决策（见下文），但最糟糕的会议一定是状态通报会议。如果有人想知道某个项目的现状，为什么他们要等到一两周后的下一次状态通报会议？更有甚者，我参加过的很多状态通报会议中，都是某些人在阅读幻灯片上的文字，而这些内容在会议前不会分发给大家，以免有些人提前知晓而跳过这个会议。

4.4.3 中断打断——电话

当等不及下一次会议时，你常常会直接给相关人员打电话。我很了解这个，因为我每天大概会接到五六个电话，但我通常都不接听它们（通常，我会接着收到以“我没法用电话联系到你”

开篇的电子邮件，但邮件的目的我一直都不明白）。接打电话也是同步的，不需要等待，因此要比很多人一起开会好？

是的，电话是低延时的，因为打电话的人不用等待，但是，电话过程也需要两个或多个人同时在线。在你为无法接听电话设置留言后，你有多少次打回去会有人接？我不确认是否有系统通信的相关类比（我应该知道。毕竟，我在《企业集成模式》一书中写过**会话模式**），但是，很难想象互相电话留言会是一种有效的沟通方式。

接打电话是一种“打断”（可以通过静音来屏蔽电话），而且，在公开场合，电话不仅会打断你，也会打扰到你的同事。这正是日本谷歌工程师办公桌上默认不配备电话的原因之一——你必须特别申请，而且电话也被看作一种稍显过时的方式。在公共办公场合里，电话铃声能造成的伤害已经在 Tom DeMarco 和 Tim Lister 的经典著作《人件》中有所阐述。幸运的是，这些“把戏”在数字电话上已不能起作用了，因为绝大多数的数字电话有音量设置。我接打电话最不能忍受的事情是，在进行电话会议时，有人会闯入我的办公室，因此我想在打电话时点亮一个“通话中”的指示符号来提示来人。网络电话应该很容易做到这点，除非有任何自己设置的访问限制。

接打电话也会导致资源利用率非常不平衡。似乎突然间每个人都在给你打电话，但是其他时间又出奇地安静。这种典型的利用率问题可以通过执行“流量整形”的队列来解决，由队列吸收峰值，这样就允许“服务”以最优速率来处理请求，不会超载。

4.4.4 堆积而不是退避

重试不成功的操作是一个典型的远程会话模式。这也是个危险的操作，因为它能把系统里一个小的干扰放大为大量的重试，从而导致整个系统陷入停顿。这就是为什么**指数退避**是个很有名的模式，它构成了很多底层网络协议的基础，比如，作为以太网协议核心元素的载波侦听多路访问/冲突检测协议。

讽刺的是，如果电话打不通，人类常常不会退避，而是倾向于“堆积”：如果你不接电话，他们会更频繁地拨打来告诉你“有急事”。最终，他们会退避，但这已经让系统承受了过量的重试。

4.4.5 异步通信——电子邮件、聊天，等等

在企业环境里，电子邮件几乎和会议一样招人恨，但它也有一个很大的优势：它是异步的。你可以在任意空闲时刻处理电子邮件，而不用被打断。收到邮件回复可能需要稍长的时间，但这

是典型的“延迟吞吐量”架构，Clemens Vaster 有个类比最能说明这一点。他在提及一座常年拥堵的双车道浮桥时，认为需要更宽的桥而不是更快的车，该浮桥在西雅图和雷德蒙德之间的华盛顿州 520 公路上。

电子邮件也有很明显的缺点，最主要的是总有人会让每个人的邮箱爆满，因为那样做的感知成本为零。如果想避免邮箱爆满，你必须要有一个好的收件箱过滤器。另外，邮件也不能做全局搜索，因为每个人的历史记录都是私有的。我猜你会把它称为某种**最终一致**的架构，并能凑合着用，但它看起来还是相当低效。我真想知道有多少个 10 MB 大小的幻灯片文件及其所有旧版副本存储在我们的 Exchange 服务器上。

把电子邮件和聊天工具集成在一起可以克服一些限制。如果你没得到答复或者得到的答复说需要即时讨论，那么“聊天回复”按钮会把会话带入准同步模式：它依然允许消息接收者在愿意的时候才回复（因此，它是异步的），但比邮件的节奏更快。像 Slack 这样偏爱聊天/频道形式的产品，也支持无须电子邮件的异步通信。系统架构师会把这种方法比作基于**黑板**架构风格的**元组空间**，它非常适合可扩展的分布式系统，因为这种架构具有松散耦合和避免重复的优点。

说到黑板，在企业协作上，我所见过的最具变革性的产品是 Google Docs，我这样说，并不是因为我喝了谷歌 7 年的免费饮料。实际上，当 Docs 第一次在谷歌内部上线时，我抱怨很多，因为当时它的功能成熟度远远低于 Microsoft Word 5.0。然而，能让人们在同一个文档上实时协作，这完全改变了人们为共享成果一起工作的方式。原来那种通过邮件来来回回发送 Word 文档的方式已经变成了一种极其糟糕的体验。

4.4.6 提问无法扩展——构建缓存

很多企业内的沟通都包括提问，通常是以同步方式进行。这种方式无法扩展，因为同样的问题会被反复问到。架构师肯定会为他们的系统引入缓存来为源组件分流，特别是在它们收到诸如新团队成员照片等基本信息的重复请求时。在这种情况下，我只是简单地在谷歌中输入这个人的名字，然后回复一个在线图片的超链接，这样，遇到不决问谷歌，而不用满世界找人。

把答案放在可搜索的媒介里，让搜索发挥作用。如果收到了一个问题，你的回复以便能让所有人看（并搜索）到你的答案，比如，可在一个内部论坛里去回复，这其实也是你加载缓存的方式。花点时间在短文档或论坛帖子里解释某些事情也能事半功倍，因为 1000 个人能够搜索和阅读到你分享的答案，而用 1000 次 1 对 1 的会议来解释同样的故事会耗费你半年的工作时间。

我见过的一个缓存杀手是使用不同的模板，它的目标是提高效率，但实际上会妨碍数据的重用。比如，当我用谷歌或 LinkedIn 的链接回复有关我的简历的请求时，发现有人在吭哧吭哧地把在线数据抄写到指定的 Word 模板中。有些做法放在数字化世界里就是大错特错的。

4.4.7　设置不当的域边界——过度对齐

虽然有些沟通方式可能扩展性更好，但所有这些方式都免不了会在繁重的通讯下崩溃，因为人类只能处理这么多吞吐量，即使在聊天或者异步沟通中。因此，我们的目标不只是协调沟通，同时也要减少沟通。在大型企业里会遇到很多不必要的沟通，比方说需要“对齐”项目状态。我经常开玩笑说“对齐”[①]是我发现车跑偏了或者轮胎受损不均匀时才会做的事情。为什么需要在工作过程中一直做这样的事情，这让我很迷惑。特别是“对齐”必然会引发一场没有明确目标的会议时（见上文）。

在企业的术语里，“对齐”意味着在一个问题上协作并达成某种共识或一致。共识是高效团队协作不可或缺的一部分，但是让我担心的是“对齐”动作本身已不是为了达成一致。我怀疑这是项目和组织结构之间没有对齐的表现：对项目成功至关重要的或者关键决策者却并不隶属于项目，于是需要频繁的“指导”和“对齐”会议。系统设计上相应的类比就是设置不当的域边界，Eric Evans 在**领域驱动设计**的**有界上下文**概念中对此有所讲述。依据不当的域边界分割分布式系统，这样做几乎肯定会给系统增加延迟和负担。

4.4.8　自助服务是更好的服务

自助服务通常没有太多的隐含内容：如果价钱一样，你是愿意去麦当劳还是愿意去有白桌布和服务生的饭店就餐呢？但是，如果你是一家想要优化吞吐量的食品连锁店，你是想成为麦当劳还是那种只有 5 张桌子的古典雅致的意大利餐厅？自助服务是可扩展的。

通过打电话或者电子邮件发送电子表格，让某人手动输入数据来请求服务或者订购产品，这些都是无法扩展的，即使你使用近岸或离岸外包[②]降低了劳动成本。为了具备扩展性，需要**让一切自动化**，使得所有功能和流程都能在内部网上在线可用，最好既有 Web 用户界面，又有（访问受保护的）服务 API，这样用户能够在上面分层新的服务或者自定义用户界面，比如，可以把常用功能组合在一起。

---

① 这里对车所做的“对齐”就是车辆检修中的四轮定位，可以纠正车辆跑偏等异常情况。——译者注

② 离岸外包是指外包商与其供应商来自不同国家，外包工作跨国完成，供应商国家劳动力成本相对较低。在此基础上，近岸外包是指外包商与其供应商所处国家地理位置邻近。——译者注

4.4.9 保持人性

像扩展计算机系统一样扩展组织，是否就意味着数字化世界会回避人际互动，把我们变成电子邮件和工作流上的、只为最大化吞吐量而乏味地工作着的、毫无个性的雄峰？我可不这么认为。我非常认可人际互动的价值，它对于头脑风暴、谈判协商、挖掘方案、协调联系，或者只为做得开心都非常重要，为了这些，我们应该经常抽时间面对面。但是听别人大声读出幻灯片，或者几次三番打电话问我同样的问题，这类事情通过优化通信方式都可以更快地实现。我是不是不够耐心？可能是吧，但是在这个所有事情的节奏都变得越来越快的世界里，耐心可能不是最好的策略。高吞吐量的系统并不会奖励耐心。

4.5　缓慢的混乱并不是有序

走得快？要有纪律

是敏捷还是只图快？下个转弯就知道了

每个人都有自己“难以忍受的事情”或者“敏感的话题”，就是那些你已经听烦了的事情，即使它们可能无关紧要，但真能惹恼了你。在个人生活里，这些问题可能小到牙膏的用法上：是脱掉盖子还是打开翻盖的牙膏，是从底部还是从中部挤牙膏。大家知道，不少情侣因为这些琐碎的争吵关系都变得岌岌可危（提示：再买一管牙膏只需要 1.99 美元）。

在企业 IT 世界里，难以忍受的事情很自然地和更技术性的事情相关。对我而言，最难以忍受的是，人们虽然在使用“敏捷”这个词，但在敏捷宣言正式发布 15 年之后，仍不明白它的真正含义。你肯定无意中听到过这样的对话。

- 你们下一个主要交付是什么？我不知道，因为我们很**敏捷**！
- 你们的项目计划是什么？因为我们很**敏捷**，我们速度太快，所以我们无法让计划保持最新！
- 我可以看看你们的文档吗？压根不需要，因为我们很**敏捷**！
- 你能给我讲讲你们的架构吗？不行，因为**敏捷**项目压根不需要这些！

这些无知的话语脱口而出，只能表明敏捷方法并不适合你的公司或者部门，因为对于这种结构化环境而言，敏捷方法太过混乱。讽刺的是，事实恰恰相反：企业环境往往缺乏实现敏捷流程所需的纪律。

4.5.1 快速与敏捷

关于"敏捷"一词被到处滥用的情况，我最为恼火的是，我必须反复地提醒人们，这个方法叫作"敏捷"，而不是"快速"，这样命名是有充分理由的。敏捷方法是通过频繁的重新校准和拥抱变化来达成正确的目标，而不是试图预测环境和消除不确定性。远距离射击移动目标是快速的，但不是敏捷的，因为你可能会错过。敏捷方法允许在过程中修正航向，这更像是一种精确制导导弹（尽管我不喜欢武器的类比）。敏捷要带你去的地方，需要你行动迅速，但是以很快的速度跑向错误的方向不是一种方法，而是愚蠢。

4.5.2 速度和纪律

在观察快速移动的事物时，很容易会产生混乱的感觉：太多的事情在同时运行，以至于无法判断所有这些是如何组合在一起的。一个很好的例子就是 F1 进站的场景：**吱哧——嗖嗖——嗖嗖——呜呜**[1]，车在 4 秒内就更换了 4 个崭新的轮胎（F1 比赛中不再允许中途加油）。全速观察这个过程会让人觉得有些眩晕，感觉这就是某种奇迹，或者实际上就是有一点混乱。你需要多看几次整个过程，最好以慢动作的方式，你就会赞叹很少有人能比 F1 进站工作人员更有纪律的了：每个动作都是精心设计的并且经过了千百次的训练。毕竟，F1 进站时间多 1 秒就意味着落后将近 100 米。

在 IT 世界里，快速行动同样需要纪律。自动化测试就是你的安全带——否则你怎么能做到随时把代码部署到产品中去，万一有严重的问题发生呢？对于在线零售商来说，最宝贵的部署代码的时间就是假日，此时正是客户流量的高峰期。因为在这个时候，一个关键的修复或新的特性就能对销售底线产生最大的正面影响。讽刺的是，这个时间段正是大多数企业 IT 部门所谓的"冻结区域"，意思是，在这个时间段内不允许部署任何代码变更。在高峰期推送新的代码上线需要有足够的信心，只有具备铁律和大量的实践才能让你更加自信快速。恐惧只会让你变慢，而没有纪律的自信只会让你崩溃和发火。

4.5.3 又快又好

以前我们都认为，完成一件事情，无法做到既快又好，但敏捷方法能够通过**增加新的维度**（参见 5.8 节）克服这样的局限。不可否认的是，没有付诸行动很难真正理解概念。我经常说"敏捷只靠说教不行，只有通过展示才可以"，意思就是，你应该通过加入敏捷团队来从实践中学习敏

---

① 这里的"吱哧——嗖嗖——嗖嗖——呜呜"指的是刹车声、换轮胎声音、发动机声音。——译者注

捷方法，而不是从教科书中学习概念。

下面是我对快速软件开发和部署（通常称为“DevOps”）所需属性的描述。

- 开发**速率**确保你能敏捷地完成代码变更。如果代码里充满了重复等技术债务，你就会在这些地方变慢。
- 一旦做出一个代码变更，你必须要对自己代码的正确性充满**信心**，可以通过代码评审、严格的自动化测试以及小的增量发布等方式。如果你缺乏信心，就会犹豫，当然也快不起来。
- 部署必须**可重复**，通常要能达到 100%的自动化。你所有的创造力都应该用于为用户编写好用的特性，而不是在每次的部署上耗费时间。一旦决定要部署，你必须依赖于那个已经用过至少 100 次的自动化部署过程。
- 你的运行时间必须**有弹性**，因为一旦用户喜欢你构建的东西，你必须能够应对随之而来的访问流量。
- 你需要从监控中得到**反馈**，以确保尽早发现产品的问题，并且分析用户到底需要什么。如果你都不知道自己的方向，行动再快也没什么用。
- 最后但同样重要的一点是，你需要确保运行时环境的**安全**，以免受到意外和恶意的攻击，特别是当你频繁部署新特性的时候，这些新特性可能会包含或者依赖于一些含有安全漏洞的库。

总之，这样的流程会成为有纪律、快速行动且敏捷的开发流程。没有看到过这种流程的人们常常无法完全相信充满自信的工作是多么舒畅。即使网站的构建系统已经有 13 年历史了，我一样会毫不犹豫地删除所有构建好的构件，然后从头重新构建和部署。

4.5.4　缓慢的混乱

如果高速需要严格的纪律（否则注定会在灾难里终结），那么慢速就可以马虎吗？虽然逻辑上不等同，但是现实通常就是这样的。一旦揭开传统流程的面纱，你就会发现其中有很多混乱、返工以及不受控制的**黑市**。比如，20 世纪 80 年代，美国的汽车工厂竟然把 1/4 的建筑面积用于返工[①]。因此日本汽车公司能用有纪律的、零缺陷的方法进入美国市场并蚕食市场份额也并不奇怪，日本汽车公司认为停止生产线调试问题比生产有问题的汽车更有效。30 年前让这些制造公司陷于混乱的事情，正在以同样的方式，让数字化公司的服务业务变得缓慢和混乱。我真心希望，你能从他们的错误中汲取教训！

---

① 参见 John Roberts 的著作，*The Modern Firm: Organizational Design for Performance and Growth*。

令人担忧的是，你能在企业 IT 部门看到同样程度的混乱：为什么需要两周才可以准备好一个虚拟的服务器？首先，因为**大多数时间浪费在排队中**；其次，因为要做“彻底的测试”。打住！为什么有人要测试虚拟服务器，它们不是应该以全自动化和可重复的方式提供吗？为什么还需要两周的时间？通常因为申请服务器所走的流程实际上并不是全自动化和可重复的：在这里修补了一下，在那里做了一点优化，然后还编辑了一个小脚本，还有人忘记挂载存储卷。哎，这就是**永远不要派人去干机器的活**（参见 2.7 节）的一个原因。

一旦揭开“经过验证的流程”的面纱，你很快会发现那些被定义为杂乱或无序状态的混乱。只是因为混乱状态移动得很慢，所以你必须看好几遍才能注意到它。测试混乱的一个好方法是，要求那些声称已经经过验证的流程提供精确的文档：大多数情况下，精确的文档要么不存在，要么已经过时，要么不想共享出来。是啊，没错……

4.5.5 靠 ITIL 来救援吗

如果你对 IT 运作的缓慢混乱提出质疑，你很可能会被难以置信的眼神凝视好久，并且告诉你要去看看 IT 基础架构库（Information Technology Infrastructure Library，ITIL），这是一套被 IT 服务管理广泛采用的专有实践。ITIL 提供了公共词汇表和结构，这在支持服务或和服务提供者交互的过程中有着巨大的价值。ITIL 也是个大部头，它总共有 5 卷，每卷有 500 多页。

当一个 IT 组织提及 ITIL 时，我就想知道他们的认识和现实之间的差距到底有多大。他们真的遵循了 ITIL 吗，还是说只是把 ITIL 用作挡箭牌，防止进一步调查缓慢混乱的真相？做一些快速测试能给出有价值的提示：我问某个系统管理员主要遵循的是哪个 ITIL 流程，或者我要某个 IT 经理给我展示服务战略一卷中 4.1.5.4 节中所描述的客户投资组合的战略分析。我故意在办公室的显眼位置放了一套 ITIL 手册，这样就可以防止任何人在交谈中信口开河。ITIL 本身是非常有用的服务管理实践集合，但就像你在枕头下放本数学书并不能让你在学校里得 A 一样，仅仅依靠参考 ITIL 并不能清除缓慢的混乱。

4.5.6 目标和纪律

讽刺的是，我发现面向结果的目标会导致纪律的缺乏。曾经有个大型数据中心迁移项目把一定数目的应用程序迁移到一个新的数据中心位置作为清晰的目标，这也是很合理的目标。可惜的是，供应商无法在新数据中心可靠地提供服务器，因此导致了很多迁移问题。我建议他们创建一个自动化测试，重复为各种配置的服务器提交订单，看所有服务器能否按照规格在承诺的时间窗内交付。一旦可靠的供应经过验证，团队就可以开始迁移应用程序了。项目经理大声抱怨说：这么做他们花 10 年也迁移不了一个应用程序！团队随后接到指示使用一切方法迁移应用程序，即便他们知道服务器存在严重的质量问题。

因此，要设置和达成面向输出的目标，需要有一致同意的纪律作为实现这些目标的基准。这就是为什么**普鲁士军队的任务指令**（参见 4.1 节）要依赖于主动的纪律：提高组织的纪律性可以让我们制定更深远、更有意义的目标。

4.5.7　解决办法

你可能会问："为什么没人清除这些缓慢的混乱？"很多传统的但很成功的组织就是**有太多的资金**而不会真正关注或操心这些缓慢的混乱。他们必须首先认识到，数字化世界已经从追求规模经济转变为追求**速度经济**。而速度则是自动化和有纪律的强大功能。对于除了动态扩展之外的大多数情况，如果提供一台虚拟服务器需要花 1 天时间，这可以接受，但如果提供服务器的过程超过 10 分钟，你知道自己就会有一种想要手动操作的冲动。这就是缓慢混乱的危险开端。相反，让**软件吞没整个世界**（参见 2.8 节）并且**不要派人干机器的活**（参见 2.7 节），你会既快又有纪律。

4.6 通过盗梦治理

我来自总部，是来帮你的

公元1984年的企业治理

企业IT部门往往有自己的词汇表。其中，最常用词汇的肯定是对齐，大概可以解释为要召开一个没有什么具体目标的会议，会议期间主要是详细讨论某个主题，并且达成某种非正式批准的协议。大型IT组织常常因为开了过多这样的会议而导致执行速度变慢。

在“对齐”之后，“治理”可能排在第二。后者会通过规则、指南和标准来描述跨组织的协调和标准化。做得好的IT协调不仅能够通过规模经济增加购买力，而且还能通过消除不必要的多样性来降低运营成本和提高IT安全性。

虽然协调是个非常值得追求的目标，但“治理”也可能造成伤害，比如，通过在最小公分母上收敛①，但最后满足不了业务需求。另一种常见情况是，制定标准的团队并不具备必要的技能集和所处环境信息。更糟糕的是，这些团队可能没有收到有关标准实际是否能有效工作的足够反馈：特别是在大型IT组织里，顶层决策者通常并不使用自己标准化的或管理的工具，比如，他们很少使用标准工作空间或HR工具。

在现有组织或者收购而来的新组织中实施治理，需要把“错误的”系统实现迁移到“标准”上来。这种迁移会涉及成本和风险，而且对组织内的本地实体没有明显的好处，这使得执行非常

① 这里“在最小公分母上收敛”是指试图协调并找到最小的满足所有业务需求的标准集合，但因为业务需求总会变化，所以最终总是会出现无法满足业务需求的情况。——译者注

困难。治理的敌人实际上就是那些脱离中央治理并进行本地开发的“影子 IT 部门”。

4.6.1　制定标准

企业治理通常要先制定一组需要遵守的标准。这些标准会由一个标准组织定义和管理，比如，规定电子邮件要用一种产品，数据库要用另一种产品。

标准有着巨大的价值。这在 1904 年巴尔的摩发生的毁灭性火灾中体现得非常明显，当时许多来自周边城市的消防员只能站在火灾现场周围干着急，因为他们的消防水带无法连接到巴尔的摩的消防栓上。美国消防协会很快就吸取了教训，并在 1905 年颁布了消防水带连接标准，至今仍被称为**巴尔的摩标准**。

标准的主要经济依据体现在兼容性标准上，即允许部件互换的规范，比如消防水带和消防栓。在 IT 环境里，这样的标准化应该相当于标准化接口，而不是标准化产品，比如，SMTP 标准，即简单邮件传输协议，它用于邮件传输，而不是作为邮件客户端产品的 Microsoft Outlook。兼容性标准能够带来灵活性和**网络效应**：当许多元素能够相互连接时，对所有参与者的好处就会增加。最初基于 HTML 和 HTTP 标准提供内容和连接的互联网就是一个很好的例子。它也再次强调了**连线要比线框更有意思**（参见 3.7 节）。

因此，企业必须清楚地说明制定标准背后的主要驱动力：标准化供应商产品旨在通过规模经济来降低成本和复杂性，而兼容性或连接性标准则提高了灵活性和创新能力。两者都很有用，但是需要不同类型的标准。

对于任何有意义的标准，它们都需要基于指定了标准范围的**定义良好的词汇表**。例如，巴尔的摩消防栓标准把**消防车水泵连接**和**消防水带连接**区分开来了，规定了不同的直径和螺纹设计。同样，在 IT 世界里的“数据库”“应用服务器”或“集成”标准，如果不区分要考虑的数据库或服务器的类型，就毫无意义。

4.6.2　通过行政命令治理

执行标准的过程中可能会有点众口难调，即使经济价值很明显。比如，在巴尔的摩标准之后的近百年里，在像 1991 年奥克兰山火这样的大型火灾的扑救过程中，还是有城市没有遵循巴尔的摩标准[①]。通常，偏离标准可能是历史的遗留问题，或者是供应商有意为之以便锁定后续采购。

---

① 参见美国国家标准与技术研究院（NISTIR）发布的报告：*Major U.S. Cities Using National Standard Fire Hydrants, One Century After the Great Baltimore Fire*，NISTIR 7158。

许多组织有诊断“警察”的角色，他将巡视组织内不同的实体以确认他们是否遵守了标准，这就催生了一个关于企业环境中最大谎言的笑话：“我来自总部，是来帮你的。”网络安全可以成为推动标准化的一种有效工具：非标准的或者过时的软件版本通常会比维护良好的、协调一致的环境有更高的漏洞风险。

使用自有标准和方案的用户也会抛出一个特定的挑战。他们会一本正经地声明说“是的，我们的确开的是宝马”，这些车符合（虚构的）企业标准，然而停车场上全是梅赛德斯、劳斯莱斯和廉价的 Yugos 车。另一种现象是用户采用了标准，但用错了方向。比如，他们可能买了标准的宝马，但从不开着它去任何地方（他们喜欢开着梅赛德斯兜风），只把宝马车当作 4 人间的会议室。听起来很荒谬吗？我在企业 IT 部门见过很多一样荒谬的事情！

4.6.3 通过基础设施治理

有意思的是，我在谷歌的 7 年里，没有人提过“治理”这个词（也没有人提过“面向服务架构”或者“大数据”）。因为大家知道谷歌不只有出色的服务架构和世界领先的大数据分析能力，所以有人可能会猜测，谷歌也应该有很强的治理能力。实际上，谷歌在最重要的地方，比如运行时基础设施，具有非常强大的治理能力。你可以自由选择用 emacs、vi、Notepad、IntelliJ、Eclipse 或其他任何编辑器来编写代码，但是基本上只有一种方法能将软件部署到产品基础设施上去，这些基础设施基于同样的硬件并且运行同样的操作系统（过去你还可以选择 32 位或 64 位）。虽然有时候会比较痛苦，但这种严格的做法是有效的，因为为了让自己的软件运行在谷歌这样规模的基础设施上，大多数软件开发者能忍受所有的这些约束：过去是这样，现在似乎依然是这样，谷歌总是比其他大多数公司要早 10 年应用新技术到基础设施上。这种治理不需要以行政命令的方式执行，因为系统要比其他任何东西都要优越，不遵循系统规定就一定是在浪费时间。如果公司的车是法拉利或者带有用于时间旅行的通量电容器[①]，那么大家就不会去找大众车的经销商了。在谷歌，这个通量电容器就是神奇的“博格”部署和机器管理系统，这在**谷歌研究报告**中有过公开描述。对谷歌而言，规模经济系统运作得相当好，最终每个人在享受快节奏的同时也能有法拉利开就是合情合理的。

Netflix 把治理施加在应用程序设计和架构之上，通过运行颇有争议的“**混沌猴**”来校验部署的软件是否具有弹性和不受故障传播的影响，比如，通过使用**熔断机制**[②]，不兼容的软件会被自动化兼容测试器从产品中剔除。几乎没有一个吹嘘自己企业治理的组织能有勇气去做同样的事情。

---

① 20 世纪 80 年代的科幻电影《回到未来》里的设施。

② 详见人民邮电出版社出版的图书《发布！设计与部署稳定的分布式系统（第 2 版）》，网址为 http://www.ituring.com.cn/book 2622。——编者注

4.6.4　盗梦

在大型 IT 组织中，动机通常不那么明显，基础设施（咳！）也不那么先进。喜欢看电影的人一定看过克里斯托弗·诺兰的电影《盗梦空间》，这部电影讲述了一个从受害者的潜意识中窃取商业机密的犯罪组织。4.6.4 节标题来自于这样的故事情节，该团队通常会先让受害者记忆处于"只读模式"，然后从中抽取机密信息，但是为了这种巨变，团队必须主动向受害者的思维中植入一个想法，并以此让受害者触发一个特定的动作——这就是被称为"盗梦"的过程。在电影的故事情节里，最难的部分就是让受害者真正相信被植入的想法就是他自己的。

如果我们也有盗梦的能力，企业治理就会容易很多：多个 IT 团队可以各自独立地使用同样的软件得出同样的结论。这并不像乍听起来那么荒谬，因为在当今的 IT 世界里，有一种神奇的要素会让盗梦成为可能，那就是变化。当变化发生时，就会出现更新系统的需求（是不是还有人在用 Lotus Notes？）以及制定新标准的机会，而且这样做不会带来任何额外的迁移成本。你"仅仅只"需要同意你想要采用的那个新技术，比如，软件定义网络、大数据集群或者内部平台即服务。这些是你必须通过盗梦才可以实施的。

只有管理机构有超前的思维，盗梦才能在企业 IT 部门里发挥作用，这样他们才能在普遍需求出现前为企业制定正确的方向。作为教育工作者，他们能为受众提供新的想法，并且能注入或灌输这些想法，比如，某个特定产品或者标准的需求。从某种意义上说，这就是市场部门几个世纪以来一直在做的事情：为制造出来的产品创造需求。

在多次改变后，新旧更迭终会发生，通过反复持续的盗梦，IT 全景图也会变得更加标准化。关键的需求是，"中央部门"必须要比业务部门更快地创新，以便某个部门认识到需要大数据分析集群时，企业 IT 部门已有了明确的指导和可参考的实现。这样做需要有先见之明和资金支持，但要远胜于催查业务部门的不合规情况以及后续不得不面对的迁移成本。

4.6.5　皇帝的新衣

传统的 IT 治理也会导致一种尴尬的现象，对这种现象最形象的比喻就是**皇帝的新衣**：核心团队开发了一种只存在于幻灯片中的产品，称为**雾件**。当把这种本质上是毫无意义的产品规定为标准时，客户也许会欣然接受它，因为这是一种轻松地获取赞许甚至投资的方式，只需要符合标准就好，并不需要多少实际的实现。最后，除了股东们，大家看起来都皆大欢喜，但这就是一种巨大且毫无意义的能源浪费。

4.6.6 按照需求治理

一本有关西撒哈拉难民营的书[1]很有趣，其中讲述到难民营里绝大多数人开着同样型号的车，要么是路虎全地形越野，要么是较老的奔驰轿车。总之，这些车型占了营地所有汽车的90%以上，并且其中85%是奔驰——这简直就是一个企业管理者做梦都想要的！怎么会这样？居民们完全可以选择一辆既便宜又可靠、还能经受高温和崎岖地形的其他车型。然而，标准化通过基本需求就可以实现：购买另一种型号的汽车就意味着无法利用现有的技能集和备用零件。在经济困难的环境里，这些就是需要考量的主要因素。企业IT部门面临同样的情况，特别是在新技术的IT技能集的可用性方面。因此，在企业环境中观察到多样性是**资金雄厚的公司**才有的问题：技能或资源的匮乏无法推动共同决策，但他们可以轻易地用更多的资金来解决。有人可能会争辩说，难民营有一个所谓的“绿地”[2]设施的优势，尽管这一术语似乎对于在沙漠中流离失所的人来说非常不合适。

① 由Manuel Herz编著的*From Camp to City: Refugee Camps of the Western Sahara*。

② 绿地是经济学中的一个术语，表示全新的建设投资。——译者注

第5章

转　型

将变革引入大型组织是值得的，但也很有挑战性——你将需要用尽所学来应对这个终极挑战。你必须先理解一个复杂组织是如何运作的，然后才能采取行动改变它。架构化思考会帮助你像理解复杂系统一样理解组织。良好的沟通技能可以帮助你获得支持，而领导技能则是持久变革不可或缺的要素。最后，IT架构技能可以让你实现必要的技术变革，这些变革能让组织以不同的方式运作。

再次引用《黑客帝国》（毕竟，尼奥就是恶劣环境中的一个变革推动者！），电影里的**母体架构师**和**先知**的对白恰当地描绘了变革的环境，如下所示。

> 母体架构师：你玩的游戏很危险。
>
> 先知：改变总是很危险。

有趣的是，《黑客帝国》中架构师就是那个试图阻止变革的主体。你应该把自己看作尼奥，另外还要确保有个先知在后面支持你。

不是所有改变都是转型

不是每次改变都可以称为**转型**。你可以改变客厅里家具的布局，但并没有把你的房子**转型**（或者可以说是转变）为俱乐部、零售店或者礼拜场所。转型的英文单词 transform 的拉丁文原义是改变形状或结构。因此，当我们提及 IT 转型时，说的不是增量式的进化，而是对技术全景图、组织机构设置和企业文化进行根本性的重建。这种改变基本上是翻天覆地的，你得把房子切成小块，然后再把这些小块重新组合成一个新的形状。作为架构师，你是最了解技术和组织变革如何相互依赖的人，因此你可以解决相互依赖的棘手问题。

让锅炉爆炸

企业转型过程中普遍存在的一个风险是，当高层管理人员认识到变革的必要性时，随即就会向组织施加压力，比如变得更快、更敏捷、更以客户为中心，等等。然而，整个组织，尤其是中间管理层，通常没有做好转型的准备，他们试图用旧的工作方式来达成高层设定的目标。这可能会给组织带来巨大的压力，也不太可能实现这一目标。我把它比作蒸汽火车，它被一辆快速的电动火车超越了，为了试图加速，操作人员可能会给火里添加更多的煤炭来增加锅炉的压力。不幸的是，这只会让锅炉爆炸，而不是击败电动火车。作为架构师，你必须发明一种可以保持上升势头的新发动机，而不是简单地调高仪表盘的刻度。

为什么是我

作为架构师，你可能会想："为什么是我？这不是高薪顾问应该介入的地方吗？"他们的确可以提供帮助，但是你不可能只从外部注入变革，变革必须由内而生。这就是我不会以顾问身份参与转型工作的原因，而是作为一个全职员工，即使这样会面临一些挑战（参见"IT的50种形态"）。

在技术或者开发方法上触发变革，也需要你在改变组织的过程中发挥相应的作用：如果你不对组织及其结构做调整，你就不可能敏捷起来，也不可能使用DevOps开发风格。

为了能影响组织的持续变革，你需要明白以下事项。

- 组织如果没有痛苦就不会改变。
- 如何通过展示更好的做事方式来引导变革。
- 为什么组织需要以速度经济而不是规模经济的方式思考。
- 为什么无限循环是数字化组织不可或缺的组成部分。
- 为什么过度购买IT服务是个谬论。
- 如何通过减少排队时间来让组织提速。
- 如何能让组织从新的维度思考。

5.1　没有痛苦，就没有改变

看夜间电视节目也无济于事

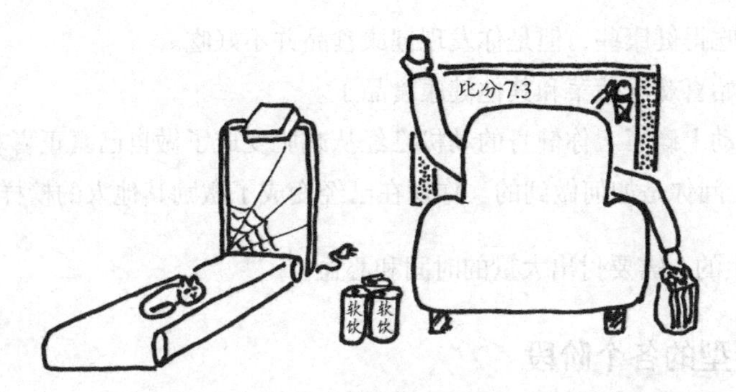

射门，射门啊，球进啦

我的一位同事在他以前的公司里参加过一个叫作“数字化展示”的活动，这个活动突出展示了很多创新项目以及公司组织过的外部创意交流活动。然而，等回到自己的办公桌后，他发现自己还是处在企业 IT 的旧世界里：无奈地等待，申请一台服务器需要至少 3 周，而且不允许在自己的工作机上私自安装软件。他特别想知道自己是否已经陷入双速（两种在速度上有着天壤之别的）IT 环境的某种扭曲化身里，但即使知道答案也没什么意义，因为他所在的项目是快速移动的“数字化”速度的一部分。

5.1.1　转型的各个阶段

我有个不同的答案：转型是个艰难且耗时的过程，不可能一夜之间就实现。人们不会在某一天突然觉醒并且表现得判若两人，不论他们在那天之前听了多少 TED 演讲。我听过的一次演讲曾提到，早上洗澡后，改变用毛巾擦干身体部位的顺序是多么困难。我想演讲者是对的，因为我的顺序从来就没变过。

为了说明一个人或一个组织在改变他们的习惯时通常要经历的阶段，我举个某人从吃垃圾食品转变为健康生活方式的例子。在没有科学证据的情况下，我快速列出了如下的 10 个阶段。

(1) 你吃垃圾食品，因为它们很好吃。

(2) 你认识到吃垃圾食品对自己不好，但是你还是继续吃，因为它们确实很好吃。

(3) 你开始看夜间电视减肥节目，同时还吃着垃圾食品，因为它们真的很好吃。

(4) 你从夜间电视节目里订购了一部神奇的健身器械，因为用它减肥看起来很容易。

(5) 你用了几次这部器械，发现锻炼真的很艰苦。更糟糕的是，在使用这部器械的两周里，你并没有获得明显的健身成果。由于失望，你吃了更多的垃圾食品。

(6) 你强迫自己坚持锻炼，即使那样很艰苦，然后瘦身成果慢慢地显现了，但你还是会吃一些垃圾食品。

(7) 你强迫自己吃得健康些，但是你发现健康食品并不好吃。

(8) 你实际上开始喜欢上蔬菜和其他健康食品了。

(9) 你开始对运动上瘾了。你健身的动机已经从减肥变成了做自己真正喜欢的事情。

(10) 朋友们都在问你是如何做到的。你现在已经变成了激励其他人的榜样。

变化是渐进发生的，需要付出大量的时间和心血。

5.1.2 数字化转型的各个阶段

通过对比我同事的前公司和我上面列出的转型框架，我得出结论，他们肯定正在转型过程的第(3)阶段和第(4)阶段之间挣扎。他参加的创新展会就好比深夜节目提供的神奇健身器械的数字化版。也许他的公司已经投资或收购了一家既年轻又时髦，并且使用了 DevOps 的创业公司，但是当他回到办公桌时，发现自己所在的组织依然吃着大量的垃圾食品。

我认为，从第(1)阶段到第(10)阶段的转型规模不是线性的：关键的步骤发生在从第(1)阶段到第(2)阶段（开始有了转型的意识，不要低估意识的能量！），从第(5)阶段到第(6)阶段（克服自己的幻想），从第(7)阶段到第(8)阶段（真的想要，而不是强迫自己）的时候。因此，我会极力赞赏他的公司开始转型旅程，但也会警告他们，理想也许会很快破灭。

5.1.3 一厢情愿地兜售“万灵油”

令人惊奇的是，当有人宣称有能让生活变得更美好的神奇秘方时，那些聪明的个人和组织会变得那么容易上当。一旦个人或组织进入了转型的第(3)阶段，靠兜售“万灵油”而存在的整个行业、肥胖的人们和慢吞吞的企业 IT 部门就都急切地等待他们：就像夜间电视的减肥广告一样酷炫的演示，不停地告诉商务人士们，他们可以瞬间搭建好可用的云方案。如果你苦苦寻觅的是一种快速的改变，那么这种改变是很难坚持下去的，特别是当你还没有自己的**世界地图**（参见 2.6 节），也没有看到很多可替代方案的时候。

这对数字化原生代来说很容易，因为顾名思义，他们诞生之初就处于数字化状态，从来不必经历这个痛苦的变革过程。而其他感受到这些痛苦的人则倾向于寻觅一种容易的解决方案。问题在于，这种方法永远不会让你走过第(5)阶段，而在这一阶段完成之前，真正的改变尚未出现。

5.1.4　发动机调优

但是，不是所有购买“万灵油”的人都是傻子。很多组织已采用了有价值的实践，却不知道这些实践只在特定的环境中才能起作用。比如，让几百个管理人员拿到 Scrum Master 认证并不能让企业变得敏捷。你需要改变企业员工思考和工作的方式，并且创造新的价值。每日站立会议如果类似于汇报 73%进度的状态电话会议，它也无法让组织转型。这并不是说站立会议不好，恰恰相反，站立会议还有很多**站立之外的事情**要做。真正的转型一定不能流于形式，这样才可以改变系统。

系统理论（参见 2.3 节）告诉我们，要改变看到的系统行为，你必须改变系统本身。其他的一切行动都只是一厢情愿。这就好像通过堵塞排气管来改善汽车尾气的排放一样。如果你想要一辆更加环保的汽车，除了想方设法对发动机调优外，别无它法。当你想改变一个公司的行为时，需要看看其“发动机”，即员工和他们的组织方式。这样做并不轻松，却是唯一行之有效的方法。

5.1.5　沿途求救

大部分企业供应商的确很像那些在深夜电视节目里兜售高价健身器械的人：他们的产品是可以工作，但是并不像广告宣传的那样，而且标价过高。每天在公园里散步很可能会产生一样但免费的瘦身成果。你只要心中明白散步瘦身也是可行的，然后足够自律地坚持下去。

很多企业 IT 供应商为客户提供真正的创新，但也从那些无法完全转型的企业里获利。就像我曾经用一种稍显夸张的方式说的：“企业 IT 部门往往会为它的愚蠢付费。如果你很笨，你最好很有钱！”撇开花言巧语不谈，我对企业供应商进行了评级：从最左侧的通过“向旧企业兜售新世界”的“旧学校”，到最右侧的“真正的新世界”。我的目标是建立足够的内部技能，以便使用尽可能靠右的产品。不具备技能的组织依然需要支付“学费”，这是德国一个众所周知的概念：Lehrgeld。如果花钱能让他们下次做得更好，那这就是很好的投资。和往常一样，我一定会**把这样的决策记录在案**（参见 2.2 节）。

环绕在传统企业周围的顾问和企业供应商（参见 5.6 节）没有足够的动机对自己的客户进行彻底的数字化转型。真正的数字化公司倾向于回避顾问，大量采用通常由自己开发的开源技术。外部顾问和供应商都希望从企业转型中获利，他们对促使企业开始转型是很有帮助的，这样能让企业愿意在转型上投资。然而，他们不太愿意看到自己的客户进入一种不再需要其建议和产品的状态。这种爱恨交织的关系很可能会影响架构师在转型工作中发挥作用：如果没有外部帮助，你就无法实现转型，但你也必须意识到，这只是一种合作竞争，而不是真正的合作。

5.1.6 不变革的痛苦

转型过程中最大的风险是，某公司使用了“万灵油”，却发现“万灵油”没有当初承诺的效果或者至少没有预期那样快，而后旧病复发。在我上面给出的模型里，这种风险会在第(4)阶段或第(5)阶段频繁出现。

因为改变是痛苦的，所以不改变或者半途而废的诱惑总是眼前显而易见的危险。不幸的是，不改变的痛苦或者长期风险很容易被遗忘，因为你已经接受了当前这种状态，不管它是好是坏。虽然当前状态明显不是最优的，但安于当前状态是阻碍变化的主要力量，这反而会带来更大的不确定性。在IT组织里，特别是运营过程中（参见2.5.4节），改变通常等同于风险，因此会得出“不改变的风险更低，或者根本就没有风险”的奇怪结论。这是一个典型的谬论和糟糕的决策，不改变会带来巨大的风险，比如安全风险或失去竞争优势，甚至能让整个业务受损。你不妨问问百视达或者柯达。

当企业意识到变革不可阻挡时，通常为时已晚，因为不变革的代价已经明显且痛苦地显现出来了。可悲的是，到那个时候，能采取的行动会很少，甚至没有。对个人（“我多希望自己在年轻时就开始一种健康的生活啊”）和组织（“我们多希望在业务受到冲击之前就能清理IT部门啊”）都是如此。当人们反思自己的生活时，他们更可能后悔**没有**做过与其过往所作所为相反的事情。合乎逻辑的结论很简单：做更多的事情，并坚持做那些能做好的事情。

5.1.7 摆脱困境

事件线性链中最棘手的地方是，让事件传递到最后的概率是所有单个步骤间转换率的乘积。假设你是个很有主见的人，并有70%的步骤间转换率，即使你从夜间电视节目中订购的器械并不像广告宣传的那样工作。如果你按照这种转换率走完所有10个阶段，那么只有4%（即1/25）的概率达成目标。如果按照更现实的步骤转换率50%（只要看看eBay上那些几乎全新的二手健身器材就知道了）计算，你达成目标的可能性大概只有$1/2^9$（即1/512，约等于0.2%）!《勇往直前》这首歌又一次回响在我的脑海里，尽管这可能不是菲尔·科林斯的最佳单曲。

变革的最大敌人就是自满：如果事情还没变得很糟，改变的动机就很低。组织可以人为地增加不做改变的痛苦，比如在真正的危机发生之前，制造恐慌或（虚假的）危机。这种策略有风险，但可以成功。不过，这种策略不能多次使用，因为人们会逐渐忽视这种重复的“消防演习”。尽管如此，制造虚假的危机总比经历真正的危机要好。许多组织只会在他们有了“濒死”体验的时候才真正开始改变。问题是，濒临死亡的结果通常就是真正的死亡。

5.2　引导变革

绝望之海中的理智之岛

不要离岛投票

在一个小型团队里展示不同做事方式带来的积极结果，有助于克服自满和对不确定性的恐惧，因此，这是不错的开始转型的方式。然而大家不应忘记，在这种团队里，“先驱者”的工作更加艰巨：他们需要克服改变的痛苦，而且依然处于转型过程第(1)阶段（参见 5.1 节）的环境里。这就好比你周围的所有人都在吃可口的蛋糕，而餐馆的菜单上根本就没有健康食品。

想要成功，你需要坚定的信念，并坚持不懈。相当于要在满是蛋糕的聚会上尝试吃得健康，企业 IT 部门要在需要 4 周才能获得新服务器或者因会违反安全标准而不让使用现代开发工具和硬件的企业环境里尝试变得敏捷。你必须愿意逆流而上，主动引导变革。

5.2.1　拖拉机超过了赛车

应用不同的方式引导变革时，有一点特别危险，那就是已经存在的且效率低下的方法通常更适合当前的环境。这就是**系统抗拒改变**（参见 2.3 节）的一种表现形式，它会让你精心设计的新软件、硬件或者开发方法受到旧有方式的打击。这就好比你打造了一辆装备齐全的赛车，却发现在公司环境里，每辆车都要按照各种现有规则携带 3 吨重的行李。此外，也没有平坦整洁的跑道，你发现自己置身于泥浆足有 30 厘米深的道路上。最后你会发现，企业里的旧拖拉机虽然慢，但是总能稳稳地超过你崭新的 F1 赛车，后者的后轮还在泥浆四溅中费力前行。在这种场景里，你很难争辩说你精心设计的做事方式更好。

因此，在引入新技术的同时改变流程和文化非常重要。让赛车参加拖拉机拉货比赛只会被嘲笑。在有意引入赛车之前，你必须抽干泥浆并为它修一条合适的跑道。在出现挫折时，你也需要运用自己的沟通技能来获得管理层的支持。

5.2.2 设定航向

要激励人们做出改变，你要么摇晃着数字化诱饵，在遥远地平线上绘制出美好的数字化生活写照，要么挥舞着数字化大棒，警告大家灾难即将到来。最后，两者可能都要用一用，但是前者通常是更高明的方法。为了让诱饵起作用，你需要描绘出一幅有形的未来图景，并根据公司的战略设定可见、可衡量的目标。比如，如果公司的策略是基于提高**速度**来缩短产品上市时间，那么一个明确可见的目标就是让你部门的软件产品和服务发布周期每年缩短一半（甚至更多）。如果目标是**应变能力**，可以设置一个让停机的平均恢复时间减半的目标（设定与停机次数相关的目标有两个问题：鼓励隐藏停机故障；重要的不是停机次数，而是观察到的停机时长）。如果想给目标增加一点障碍，那么可以用**混沌猴**（参见4.6节）随机禁用其中的某些组件来检验系统的应变能力。

5.2.3 去大陆外冒险

然而，你不能期望每个人仅仅听你讲完远方有"魔法大陆"等着他们的故事之后，就能立即加入你的转型旅程。你肯定会找到一些探险者或者从心底里就喜欢冒险的人，他们相信你的眼光或者魅力，愿意和你登上同一艘船。甚至，其中有些人根本不相信你的承诺，他们只是觉得前往未知的海岸要比坐着无所事事更有吸引力。这些人都是你早期的同行者，也可以变成你完成使命的强大动力。找到他们，把他们聚集在一起，然后带上他们一起行动。

其他人会等着看你的船是否真的能漂起来。善待这些人，在其准备好的时候也让他们与你同行。实际上，这些人可能会更忠诚，因为他们已经克服了最初的障碍或恐惧。其余的人依然想看看你的船是否能满载黄金而归。这样也可以接受，毕竟有些人只信眼见为实。因此，你必须有足够耐心为你注定不平坦的转型旅程招兵买马。

5.2.4 破釜沉舟

即使在大家加入你的转型旅程后，他们反悔的可能性仍然很高：旅途中，你们会遇到暴风雨、海盗、鲨鱼、沙堤、冰山和其他恶劣条件。数字化转型的船长不仅要是熟练的水手，而且也必须是强大的领导者。一种强硬的做法就是"破釜沉舟"。这个成语有个典故，即项羽带领楚军渡过漳河后，命令全军凿沉所有船只，打碎所有饭锅，这样大家都没了退路，也就没人再想撤退或逃跑。我不确认这种方法是否真的能够增加成功的机会。因为你真正想要的是一个遵守承诺且相信成功的团队，而不是一个心存疑问却无路可退的团队。

5.2.5　理智之岛

一些公司的变革项目远远驶离了大陆，以摆脱旧世界施加的限制。创新团队搬到独立的大楼里，使用苹果设备，在亚马逊云上运行服务，还可以穿休闲的卫衣。我把这种方法看作“在绝望之海中建造理智之岛”。我在 2000 年的时候真正应用过这种方法，当时我们这些传统的咨询公司在与 WebVan 和 Pets 网（在我的私人互联网泡沫档案里，它们分别标示为塑料袋和袜子玩偶）[①]等互联网初创公司争夺人才。

然而，对于进驻岛上的人来说，这个岛迟早都会变得太小，这导致他们觉得在职业选择上受限了。如果这个岛因为大陆几乎没什么变化而远离大陆，那么要把二者重新整合在一起就会非常困难，也增加了人员离开公司的整体风险。这就是 2001 年发生在我们团队大多数人身上的事情。大家都想知道为什么他们必须生活在一个偏僻的小岛上，而其他公司已经在自己的大陆上提供了同样令人满意的（企业）生活方式。那不是看起来更容易吗？或者就如我的一个朋友非常直接地问过我，或者说是质疑我：“为什么你不干脆离开，让他们自生自灭呢？”

5.2.6　臭鼬工程[②]

然而，很多来自独立分部员工的重大创新已经成功地改变了企业的“母舰”。最有名的案例可能就是 IBM 个人计算机，它完全是在远离 IBM 纽约总部的佛罗里达州博卡雷顿开发的。当时个人计算机的开发绕过了 IBM 的很多企业规则，比如大多数配件来自外部制造商，构建开源系统，通过零售店售卖。很难想象，如果没有开发个人计算机，IBM（和整个计算机产业）会是什么样子。

IBM 肯定不是一个习惯于快速行动的公司，他们内部人员甚至声称“向市场推出一款空盒子也需要至少 9 个月的时间”。但是个人计算机的原型机在一个月内完成了组装，仅仅一年后正式产品就上市了，而在这一年里，不仅要开发，还要制造设备。当然，团队没有绕过所有已有的流程，比如，他们依然通过了 IBM 标准的质量保证测试。

IBM 个人计算机是个正面例子，是一个得到高层支持、由现有管理层领导、雄心勃勃又很特殊的项目。工作于传统项目的人可能并不觉得这个项目是一种威胁，他们只是觉得 IBM 不可能以低于 1.5 万美元的成本制造出一台个人计算机。这种方法避免了“岛屿”综合征或者双速 IT 方式（公司的一半是“未来”，另一半则是“过去”，这将无法生存）的弊端。

---

① WebVan 是一个在 1996 年就做网上生鲜零售商的企业，作者说的塑料袋就是 WebVan。Pets 网是同时期的宠物网上商城，作者说的袜子玩偶就是指 Pets 网。这两个项目在 2000 年左右的互联网泡沫中都失败了。——译者注

② 臭鼬工程或臭鼬工厂是硅谷很流行的一种不同于现有主要业务的秘密特别项目的方式。——译者注

5.2.7 局部最优

你还需要留意的是，大多数系统是以一种局部最优的方式运作的。虽然这种局部最优可能与更敏捷、更快速的数字化组织的工作方式相去甚远，但是当你只是对系统做微小改动时，通常会比你最终应用的“全面改动的”操作模式要好。

比如，某个组织可能只能每6个月向产品服务器部署一次代码，而这在数字化世界就是一个笑话。然而，他们已成功地建立了让这种节奏可行的流程。如果你把发布周期改为3个月，就会让相关人员的生活变糟，还会影响产品质量，甚至损害公司的声誉。因此，你应该首先引入自动化构建和部署工具来形成更快发布的基础。可悲的是，这样做会让运营人员的生活变得更糟，因为他们已经忙于产品支持，现在还必须参加培训和学习这些新工具，而且他们也会在这个过程中犯错。

在你看来，这个组织也许就位于一个小小的鼹鼠丘上，而你知道其他某个地方还有一座金山。因为无法直接前往金山，所以你首先要让他们离开鼹鼠丘，并且在道路变得湿滑泥泞时依然鼓励他们继续前进。这就是你必须在到达新的最佳状态前，要给他们传达清晰的愿景，并让他们为更艰难的时刻做好准备的原因。

5.2.8 盲人乡

我们不应低估大型成功企业对变革和创新的抵制，他们在很长一段时间里在“这样做”。说到这里，赫伯特·乔治·威尔斯的短篇小说《盲人乡》（*Country of the Blind*）浮现在我的脑海里。一个探险者从陡峭的悬崖上坠落，无意中发现了一个与外部世界完全隔绝的山谷，但这位探险者不知道的是，一种遗传性疾病使得所有村民都看不见。在意识到谷里的人都看不见后，这位探险者觉得他可以教导和统治他们，因为他知道“在盲人国里，独眼龙就是国王”。然而，在一个为盲人设计的没有窗户或灯光的地方，他能看见世界的能力并没有什么优势。探险者在他努力利用自身优势的尝试失败之后，他的眼睛被村里的医生摘除了，以治疗他奇怪的强迫症。

奇怪的是，这个故事有两个不同的结局。在最初的版本里，探险者艰难地爬上峭壁后逃离了山村。在后面修订的版本里，他发现有块岩石即将崩塌并摧毁这个村庄，他是唯一能够带着他的盲人女友一起逃走的人。不管是哪个版本，对于村民来说，结局都很悲惨。要留意，不要掉进“在盲人国里，独眼龙就是国王”这样的陷阱。随着时间的推移，复杂的组织系统会适应特定的模式，并会主动抵制变革。如果你想改变系统的行为，就必须改变系统本身。

5.3　速度经济

由效率引发的死亡既缓慢又痛苦

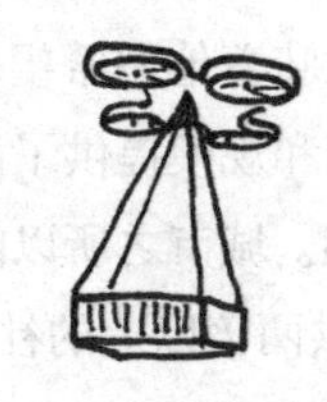

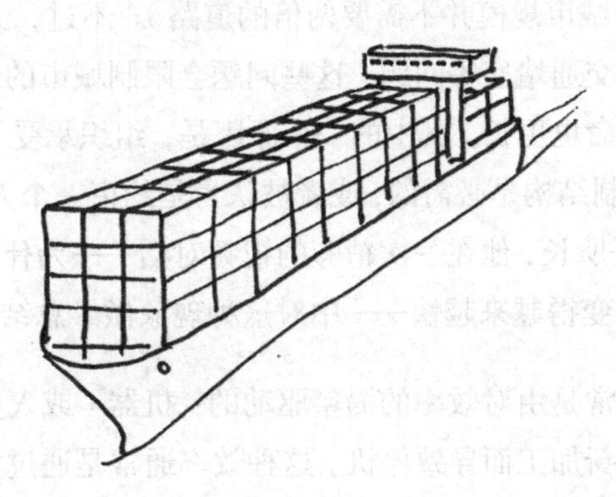

规模经济与速度经济

大型公司在看到数字化竞争对手时，常常会惊讶地发现，对手不是快了 10%，而是快了 10 倍。这里，举个简单的例子就能说明这个数据依然相当保守。我曾经目睹过一个大型 IT 组织定义源代码控制标准的过程。在经过半年的社区讨论后，他们最终做出了应该使用 Git 作为代码仓库的结论。可叹的是，他们认为把其他项目从现有的 Subversion 中迁出非常困难，因此同时推荐了这两种代码仓库。这个决策对大型金融业务的重要性，等同于你决定用石头搭砌厨房台面，但同时允许使用木头。在花了整整 6 个月决定同时使用两种代码仓库后，他们还至少需要 1 个月来为全球架构指导会议做准备，整个决策的总耗时 7 个月，即大约 210 天。相比之下，现代 IT 组织或者创业公司只需要几分钟来决定产品，然后在 10 分钟内就设置了账户，构建了一个私有代码仓库，并且完成了第一次代码提交。最终的加速比差不多高达 30 000（210 天 × 24 时/天 × 60 分钟/时 ÷ 10 分钟 ≈ 30 000）!

如果单单这个数字没有吓到你，那你还要注意他们的目标状态也是不同的：一个组织只是在纸面上**决定**要做什么（甚至还没在产品供应商层面上做出决策，比如，是选择 BitBuket、GitHub，还是选择 Gitlab），而其他组织已经在提交产品代码了。如果你按照传统组织的时间线推算，包括供应商选择、许可谈判、内部协调、文档工作以及搭建可运行的服务等，那么最终的加速比很可能高达好几十万。这个数字足够吓人了吧？是的！

5.3.1 旧的规模经济

怎么会这样呢？传统组织追求规模经济，这意味着他们希望从自己的规模中获利。规模的确是个优势，就像我们在城市中看到的：人口的密度和规模提供了简短的运输和沟通途径、多样化的劳动力供应、更好的教育以及更丰富的文化产品。城市之所以能够快速发展，是因为社会经济因素的发展是超线性的（两倍的城市规模可以提供两倍以上的社会经济效益），而基础设施成本的增加是亚线性的（两倍的城市规模并不需要两倍的道路）。不过，人口密度和规模同时也会带来诸如污染、流行病风险和交通堵塞等问题，这些问题会限制城市的最终规模。尽管如此，城市的规模比企业组织更大，寿命也更长。其中的一个原因是，组织承受了更多由过程和控制结构带来的开销，而这些过程和控制结构是必需的，或者被认为是约束一个大型组织所必需的。Geoffrey West是圣塔菲研究所的前任所长，他在一次精彩的视频对话——**为什么城市规模持续增长，企业和人总会消亡，而生活节奏变得越来越快**——中对这种现象做了总结。

在企业里，规模经济通常是由对效率的渴望驱动的：机器（或人员）等资源必须尽可能被有效使用，避免由于空转和重新加工而导致停机。这种效率通常是通过大批量生产来达成的：一次生产10万个相同小部件的生产成本，低于生产10个不同批次、每批次生产1000个的生产成本。规模越大，批量越大，也就会变得更高效，但是这种观点过于简单，因为它忽略了存储中间产品的成本。更糟糕的是，它没有考虑到由于正处于大批量生产过程中，无法响应紧急的客户订单而造成的收入损失。因此，组织重视的只是**资源效率**，而不是**客户效率**。

大约半个世纪前，制造企业已经意识到了这一点。为了满足客户需求，他们把大多数产品改为小批量生产方式，或者是一个连续批次的高定制方式。想想今天的汽车，可供选择的项目多得令人炫目，导致传统的“批处理”思维完全崩溃，因为那样做会导致所有汽车基本上是同批次生产的。在“精益”和“即时”制造的思想已经普及的情况下，IT行业仍在追求效率而不是速度，这一点尤其令人吃惊。

一个软件供应商曾经说过：“显然，买更多的许可，单位许可成本就能降很多。”对我来说，这一点儿都不明显，因为除了坐在我对面的那个软件销售人员的成本，单个软件复制根本就没有发布成本。只要软件供应商不派**人干机器的活**（参见2.7节），1万个客户下载1个许可和1个客户买1万个许可的成本是一样的。看来，企业软件的销售仍然需要做些转型。然而，也要为供应商辩护一下。你必须承认他们的行为也是由企业客户决定的，这些客户仍然固守陈旧的思维模式：

超大规模的订单应该更优惠！

在数字化世界里，组织规模的限制因素变成了它的变革能力。在静态环境下，规模大是一项优势，这要归功于规模经济；但在快速变化的速度经济时代，**速度经济**会胜出，并允许创业公司和数字化原生公司颠覆规模大得多的公司。或者正如杰克·韦尔奇所说："如果外部变革的速度超过了内部变革的速度，那么这家公司差不多就走到头了。"

5.3.2 关注流程

追求效率会过于关注优化单个生产步骤的利用率，而完全错失了对生产流程的整体认识，即一系列生产步骤的工作流程。对应到组织上，过分追求优化单个任务会导致每个部门在开始实际工作前都要填写冗长的表格。有人告诉我，某些组织居然对更改防火墙配置也要求提前 10 天申请。更常见的是，这些组织会发现客户的申请单据中漏掉了一些东西，于是要求客户重新填写和申请。毕竟，他们认为帮助客户填写表单的效率更低。如果这能让你想起政府机构的办事方式，你可能会得到这样的暗示：这种流程完全不是为最大化速度和敏捷度而设计的。

除了这些令人失望的设置外，他们还会用**处理效率替代流程效率**：工作站的处理效率都很高，但是客户（或者产品，或者小部件）会被从一个工作站送到另一个工作站，填表格，取号，然后排队等待。整个过程里，客户似乎总是在**等待**，一直等到他们发现自己没有站在正确的队列里或者需求无法得到处理。除了客户的血压在逐渐升高外，整个等待过程就像是死水一般沉寂。想想看，在大多数有这种流程的地方，那些经历这些流程的人们并不是真正意义上的客户，因为他们并没有主动选择这样的流程，而是被迫去排队等待的。这就是你一定会在政府办公场合经历这样安排的原因，但你至少还可以为此辩解，这种低效的安排是为了保护纳税人的钱。在那些采用强硬治理方式的 IT 部门里，你也能经常看到这种现象。

5.3.3 延迟成本

对于创新和产品开发过程，这种低效完全就是毒药。然而，数字化公司的确关心资源的利用率（在谷歌，数据中心利用率是一个 CEO 话题），真正驱动他们的是速度：上市时间。

传统组织往往不理解或低估速度的价值。在一个有关业务和 IT 相结合的主题研讨会上，一位业务负责人说他的产品有机会带来可观的收入。与此同时，他们的产品负责人却要求开发一个需要大量工作、只有后期在另一个国家推出时才有价值的特定功能。我很快断定，推迟发布这一特定功能可以加快初始发布的速度，也能更早地抓住预期的盈利机会。

基于流程的思维将此概念称为**延迟成本**（参见 Donald G. Reinertsen 的大作 *The Principles of Product Development Flow: Second Generation Lean Product Development*），这种成本必须加到开发成本里。延迟推出一款有前途的产品意味着你会错失在延迟时间段里获得收入的机会。对于收益巨大的产品，延迟成本可能要比开发成本高得多，但往往会被忽略。除了避免延迟成本，推迟功能并尽快发布，也能让你从初始发布中学习，并对需求做相应的调整。初始发布可能会彻底失败，导致该产品永远不会在第二个国家推出。通过推迟这个功能，你可以避免浪费时间去构建绝不会被使用的东西。收集更多的信息能让你**做出更好的决策**（参见 1.5 节）。

作为时尚帝国 Inditex 集团的一部分，时尚品牌 Zara 就是一个很好的非高科技公司拥抱速度经济的例子。在追求效率的过程中，大多数时装零售商将生产外包给亚洲的低成本供应商，但 Zara 采用了一种垂直整合的模式，在欧洲生产了 3/4 的服装，这使得它可以在几周内就将新的时尚设计引入零售店，而整个行业的平均水平则是 3~6 个月。在快速变化的时尚零售产业中，速度是如此重要的优势，这一优势也使得 Inditex 的创始人成为了全球第二富有的人。

5.3.4 可预测性的价值和成本

为什么聪明的生意人会忽视计算延迟成本等基本经济参数呢？因为他们所工作的系统更看重可预测性，而不是速度。以后添加特性，或者更糟的是，决定是否添加它可能需要经过冗长的预算审批流程。这些流程之所以存在，是因为控制预算的人把可预测性看得比敏捷性更重要。可预测性让他们的生活更轻松，因为他们会计划未来一两年的预算，而且有时理由充分：他们不希望因为成本失控导致公司利润意外降低，让股东们失望。因为这些团队管理的是成本，而不是机会，所以他们不会从早期产品发布中受益。

过分追求可预测性会导致另一个著名的现象：**堆沙袋**。通过高估时间线或成本来规划项目和预算，以便更容易地实现他们的目标。记住，估算不是单个数字，而是概率分布：一个项目可能有 50%的机会在 4 周内完成。如果“你足够幸运并且一切顺利”，就可以在 3 周内完成，但可能性只有 20%。堆沙袋的人会在概率轴的另一端选择一个数字，估算这个项目需要 8 周时间，这样他们就有超过 95%的概率达成目标。更糟糕的是，如果这个项目在 4 周内完成，那么堆沙袋的人会在真正发布前 4 周磨洋工，以避免下一次他们的时间或费用预算会被削减。如果一个可交付的产品依赖于一系列活动，那么通过堆沙袋，他们完全可以将时间显著地延长至计划的交付时间。

5.3.5 避免重复的价值和成本

在低效事项清单上，重复工作一定会名列前茅：还有什么比把同样的事情做两遍更低效的呢？这听起来很合理，但也要考虑避免重复的过程不是没有代价的：你必须主动消除重复。消除重复的主要成本是协调：为了避免重复，你首先需要检测它。在一个大型的代码库中，可以通过代码搜索有效地完成这项工作。在大型组织里，消除重复通常需要和高层召开各种“对齐”会议，这些都是同步点，我们知道同步点不论在计算机系统还是在组织中都是**不可扩展的**（参见 4.4 节）。

形成广泛重用的资源也需要协调，因为变更必须与现有的所有系统或用户兼容。这种协调会减缓创新的节奏。另一方面，自动化测试等现代开发工具可以减小重复的已知危险。一些数字化公司甚至开始明确支持重复，因为在他们的业务环境里速度经济能带来更多收益。

5.3.6 如何转变思维模式

对于组织来说，从基于效率转变为基于速度的思维模式很难：毕竟，这种转变是低效的！在大多数人的思维里，效率低下就意味着浪费金钱。最重要的是，比起由错过市场机会而引发的损害，人们无所事事似乎会更加显眼。

通常情况下，只有在 IT 部门被看作业务机遇的驱动力而不是成本中心时，这种态度上的转变才会发生。虽然传统公司企业 IT 部门陷入了削减成本和提高效率的怪圈，但规模经济会占上风，这使得数字巨头比梦想变得数字化的传统公司有更大的领先优势，因为后者常常积习难改。

5.4 无限循环

有时候循环运行也能有产出

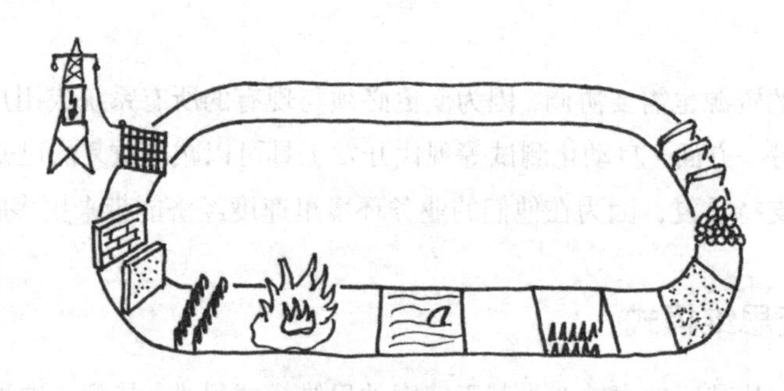

企业创新赛道。最快圈速：未知

在编程世界里，无限循环很少是好事，除非你是位于加利福尼亚州库珀蒂诺的 Infinite Loop 1号的苹果公司[①]，但是苹果总部似乎也要从 Infinite Loop 1号迁出了，这是一个值得关注的壮举。在运作糟糕的组织（我说的可不是苹果！）里，人们经常会愤怒地说自己在不停地绕圈子，当没有达成期望的目标时，管理者会要求他们再跑得快一点。你肯定不想成为这种无限循环中的一员。

5.4.1 构建–衡量–学习循环

然而，有一个循环是大多数数字化公司的核心元素：持续的学习循环。因为数字化公司非常清楚**控制只是假象**，所以他们都非常沉迷于快速反馈。埃里克·莱斯在《精益创业》一书中把这个概念称为**构建–衡量–学习循环**：公司构建并发布一个最小可行产品来衡量用户的使用行为，然后学习和分析实际产品的使用数据，进而改进产品。Jeff Sussna 把这个循环里的“学习”部分恰当地描述为“运营学习”——运营的目标不是为了维护现状，而是交付关键且深刻的见解来让产品变得更好。

能将学习作为组织的关键要素是件好事，因为在大多数任务已经自动化的时代，学习如何构建能让用户兴奋的产品依然是牢牢被人类掌控的领域。尤其是现今这个时代，大多数组织想变得更加“数字化”、云支持化和社交化等，而且技术工具在很大程度上可以从开源或软件即服务（Software-as-a-Service，SaaS）中获取，因此构建学习型组织就成为了关键差异和成功因素。

---

① 苹果公司的地址名 Infinite Loop 直译就是无限循环。作者这里是用一种幽默的方式，表示进驻了如此成功的苹果公司的 Infinite Loop 肯定是编程世界里的好事。——译者注

5.4.2　数字化转速

对大多数数字化公司而言，关键业绩指标是指在每个资金或时间单元上可以学到多少东西，即他们能以多快的速度通过**构建–衡量–学习**循环进行变革。这就是数字化世界彻底改变游戏本质的地方，忽略这一变化充其量表明企业是愚蠢的（但在最糟的情况下对企业可能是致命的）。以著书为例：我和 Bobby 撰写《企业集成模式》时，大概花了 1 年时间撰写初稿，然后用 6 个月校对，最后还需要 3 个月处理出版的事情。这本书上市后，我们当时觉得应该很成功，但是一两年后才可以根据实际销售数据来衡量这本书是否真的成功。因此，从构建到衡量，我们完成整个循环的一半就耗费了大概 4 年的时间！我们甚至无法完成整个循环，因为最后的"学习"部分意味着应该出版这本书的修订版，而这可能又需要 6~12 个月的时间。

相比之下，本书则是一边写作一边发布电子书。在我完成整本书之前就已经卖出了好几百册，而且在我写作的过程中，还可以实时收到读者用电子邮件或者 Twitter 发来的反馈。对于其他行业而言，同样的加速因子也是有效的：数字化技术能让你从客户那里得到即时的反馈。这是巨大的机遇，同时也是巨大的挑战，因为客户已经学会了根据他们的反馈来期待产品或服务的快速变化。如果我在两三周内没有更新我的书，读者就会担心我可能已经放弃了写作。幸运的是，发现即时反馈（评论和购买）能让我充满动力，因此我写这本书的效率比以往要高很多。

5.4.3　传统组织的阻碍

不幸的是，传统公司并不是面向快速反馈循环构建的。他们通常仍然将**运行与变更**（参见 2.5 节）分离开来，并认为一个项目到达生产阶段就结束了。首次推出一款产品就像是在创新的幸运轮盘上只转了 1/3 圈，因此，如果别人的产品已经改良了 100 次，那这个 1/3 圈就没有什么意义了。

组织的层级体系结构是完成快速学习循环的最大阻碍。虽然在一个相当静态、缓慢移动的世界中，分层组织有着明显的优势：它能让小部分人在不涉及所有细节的情况下领导一个大型组织，向上传输的信息通过聚合和转述便于上层管理人员使用。这样的设置在大型组织中很有效，然而也有个根本性的缺点：在洞察环境变化或工作情况上非常迟钝。在决策之前，信息的阐述耗费了太多的时间，因为组织中的每个"层级"都需要沟通和转述。即使架构师可以**搭乘架构电梯**（参见 1.1 节）上下沟通，决策的下达过程依然需要时间，因为它还需要通过各种预算和管控流程。再强调一次，我们所说的不是 10%的差异，而是成百上千倍的速度比：传统组织通常需要整整 18 个月才可以完整运行一次反馈循环，而数字化公司可以在短短几天或几周内就完成一次完整的反馈循环。

5.4.4 在外部循环

在每次循环期间，组织不仅能了解到哪些特性对用户最有用，而且项目团队也能学习到如何构建诱人的用户体验、如何加速开发周期或者如何扩展系统。这个学习循环对组织的数字化转型至关重要，因为它支持内部创新和快速迭代。

相反，如果企业IT部门很大程度上依赖于外部供应商的工作（这很常见），那么从学习中受益的就会是外部顾问，而不是组织本身。因此，如果组织试图在数字化世界中前进得更快，就应该在学习循环中安排自己的内部人员，并且让外部支持主要以指导或教学的角色参与。沿着这个思路更进一步，数字化转型应该从改变HR和招聘方式开始，雇用合格的新员工并教育现有员工，这样他们才能成为学习循环的一部分。

5.4.5 加速反馈

传统组织又该如何加速反馈呢？你需要把组织的“千层饼”[①]放在一边，组建负责从产品概念，到技术实现，再到运营和改进整个过程的团队。通常，这种方法会带有“部落”“功能团队”或者“DevOps”（带有“谁组建，谁运营”属性）的标签。这样做不仅为开发人员提供了关于产品质量的直接反馈循环（半夜被电话叫起来就是一种非常直接的反馈形式），而且能通过删除不必要的同步点来**扩展组织**（参见4.4节）：所有相关的决策都可以在项目团队内做出。

让专注于快速反馈的团队独立运作还有另一个根本优势：让客户重新参与进来。在分层命令和控制的传统金字塔中，客户几乎没有机会参与进来——最好是能与组织的最低层而不是决策和战略的制定层进行互动。相比之下，“垂直”团队能直接汲取客户的反馈和热情。

组建这种团队的主要挑战是将一整套技能汇集到一个紧凑的团队里，团队规模最好不要超过“两个比萨饼团队”的大小，即只需要两个大比萨饼就能让这个团队的所有成员吃饱。组建这样的团队，需要技能合格的员工、跨技能合作的意愿以及和谐的工作环境。

5.4.6 保持凝聚力

如果所有控制都位于垂直整合的团队内部，那么什么能确保这些团队仍然隶属于同一家公司呢？比如，使用同样的品牌和公共基础设施。实际上，在垂直“千层饼”上有一些“饼皮”是可以的，比如顶层为品牌和整体战略，底层为公共基础设施。为了保持最大的创新转速，基础设施应该**从不派人去干机器的活**（参见2.7节）。

① 作者用千层饼来比喻传统组织的层次化体系结构。——译者注

一旦有了完美快速的构建-衡量-学习反馈循环，你可能就想知道到底需要进行多少次这样的循环。在数字化公司里，只有当项目被取消时，这个反馈“发动机”才会停止运转。这就是我们只在这里说成为无限循环中一员也挺好的原因。

5.5 你不能假装已经数字化

从里到外都要数字化

谁能发现恐龙程序员

数字化变革是由**快速反馈循环**（参见5.4节）驱动的，这个循环能帮助公司理解客户对公司提供的产品和服务所提的改进需求。只有当产品或服务直接接触到终端客户或消费者时，这个反馈循环才是最有效的。相比之下，企业IT部门与终端客户的距离相对较远，因为它为业务提供IT服务，转而由业务和客户建立联系。这是否意味着，因为距离数字化客户太远，所以企业IT部门并不是数字化转型的焦点。许多“从顶部”驱动的数字化转型方案似乎支持这一观点：他们有专门的团队与客户在焦点小组内进行交流，然后把讨论好的规格说明交给IT部门去实现。

5.5.1 奠定基础

但是，正如你不能在破旧、不牢固的地基上盖一栋漂亮的新房子一样，你也不可能在不改变IT机房的情况下只做些表面的数字化。在数字化市场中，业务需要变得敏捷和有竞争力，IT部门必须要为业务提供数字化能力支持。如果需要花8周时间才能提供电子邮件中申请的虚拟服务器，业务就不可能根据需求及时扩展，除非IT部门储备了大量的闲置服务器，而这种做法与云计算所承诺的完全相反。更糟糕的是，如果这些服务器运行的是旧版操作系统，那么很多新的应用程序很可能无法在这些服务器上运行。最重要的是，必要的网络配置更改都是手动的，这一定会导致出错或降低提供服务的速度。

5.5.2 反馈循环

快速部署服务器可以用私有云技术解决，但仅仅基于私有云技术不能实现 IT 数字化。如果想要 IT 部门为在数字化世界里参与竞争的业务提供可靠的服务，IT 部门本身就必须要能在 IT 服务供应商的数字化世界里做好竞争的准备，不仅要从成本和质量角度看，而且要从参与模型的角度来看：企业 IT 部门必须变得以客户为中心，并在**“构建–衡量–学习”的无限循环**中学习客户实际使用产品的情况。如果所提供的服务器不是客户所需要的，那么即使可以更快地提供也毫无意义。此外，客户实际上可能根本就不想订购服务器，而是更喜欢将应用程序部署在平台即服务的解决方案或所谓的“无服务器”架构上。要理解这些趋势，IT 部门就必须在快速反馈循环中，主动与自己的企业内部客户，也就是业务单元，进行快速交流，就好像业务单元和他们的最终客户进行交流一样。

5.5.3 按承诺交付

只有在你有能力提供用户所需时，和他们的交流才会有所帮助。在 IT 部门向其客户，也就是业务单元，交付服务的情景里，IT 部门必须具备快速交付高质量数字化服务的能力和态度。**麻省理工学院的一项研究**[①]表明，那些没有首先提高 IT 部门交付能力的企业，在将业务和 IT 结合起来的时候，在 IT 上实际花了**更多**的钱，收入增长却低于平均水平。你不能假装已经数字化了。

5.5.4 以客户为中心

以客户为中心是许多公司的座右铭，或者是其“价值宣言”中的常见词组。毕竟，哪个公司不想以客户为中心呢？即使是那些其客户是由法律规定的机构，比如美国国家税务局，近年来也表现出了为客户服务的良好意识。然而，对许多组织来说，要超越简单的口号变得真正以客户为中心是很难的，因为这需要对组织文化和体制进行根本性的改变，他们当前的层级组织结构是以 CEO 而不是客户为中心的。按照 ITIL 流程运作的团队是以流程而不是客户为中心的，作为成本中心之一的 IT 部门很可能是以成本而不是客户为中心的。在以流程或者 CEO 为中心的 IT 基础上运作以客户为中心的业务，期间必然会矛盾重重。

5.5.5 共同打造 IT 服务

为了在数字化转型中支持业务发展，IT 部门只通过**治理**方式推送商品服务给自己的客户，即业务单元，已经无法满足需求了。IT 部门必须开始表现得像数字化业务部门，要从客户那里“拉

---

① 参见 MIT Slogan Management Review 网站上的文章，*Avoiding the Alignment Trap in IT*。

取”需求，而不是强推产品给客户。可以通过与客户共同开发产品的方式来达到目的，这种方式被冠以“共同打造”的美名。很多内部客户会迎合这种思维模式上的改变，这样他们就有机会影响构建中的服务，但其他人可能不愿意参与，除非你提出一个明确的价格和服务水平协议。当你的客户也具备数字化思维时，数字化才能发挥其作用。在大多数情况下，这不是问题，因为市场会迫使业务变得数字化，这会为IT部门带来数字化客户。

5.5.6 吃自家狗粮

谷歌以让员工“**吃自家狗粮**[①]”而闻名，这意味着员工可以试用还未正式发布的alpha或beta版新产品。虽然这种方式的名字有点难听，但考虑到谷歌的“狗粮”里包含了很多令人兴奋的新产品，其中一部分甚至从未公开发布过，这也是可以接受的。这有点像我的一个老朋友所为，他认为在享用美味晚餐时给自己的狗喂“狗粮”不公平，于是决定和狗分享他的美食（兽医也证实了这条狗很健康，可以这么做）。试吃狗粮是一种有效的方法，因为它能在安全可控的环境中提供极快速的反馈和学习循环。我所有的IT服务正式上线前都会先发布内部beta版本。一旦更好地了解了内部客户的期望并解决了他们的问题，我们就会向外部客户提供这些服务。

正如所料，谷歌向前推进了一步。谷歌最重要的项目之一就是按照这种思维将员工和客户账户合并到同一个用户管理系统中的。因此，对大多数谷歌产品来说，外部客户和内部客户是等同的，只是他们的域名和IP地址在内部网络运行时才有差异。虽然把以前完全不同的系统合并在一起的过程很痛苦，但合并后的影响是巨大的，因为员工完全被当作客户来对待。

相比之下，我在一场企业对话里了解到，在这家企业内，员工自带的工作移动设备不能是安卓手机。抛开手机系统在技术参数上的优劣不谈，我不禁想知道，这家公司如何能支持那些使用安卓设备的客户，要知道，安卓设备占据了整个手机市场近八成的份额。如果安卓设备对员工来说不够安全，那么它怎么能被认为对客户是安全的呢？比起试图控制用户基础，我更支持去理解潜在问题，并通过诸如双重认证、移动设备管理、欺诈监控，或者不支持非常旧的操作系统版本等方式来解决它们，而且对客户和员工一视同仁。

5.5.7 数字化思维

除了开始使用自有产品和学习迭代外，让企业IT部门变得更加数字化的最大障碍之一就是企业员工的思维模式。当员工还在使用上一代黑莓手机，内部流程还在基于某个幻灯片文档中的

① dogfooding，翻译为“吃自家狗粮”，即对自有产品做内部测试。——译者注

规则并通过电子邮件里的电子表格进行处理时，你很难相信这个组织能够实现数字化运作。虽然年龄是个敏感话题，但传统 IT 环境中的年龄分布很可能是个额外的挑战。公司 IT 部门人员的平均年龄通常在 40 岁或 50 岁出头，这与作为新客户群体而受到追捧的数字化原生代的年龄范围相去甚远。让年轻员工加入进来有助于企业变得数字化，因为这样做可以把一些目标客户带进企业内部。

好消息是，变化可以从小步骤开始逐渐发生。当员工开始使用 Linkedin 下载照片或简历，而不是使用电子邮件的简历模板时，就是向数字化迈进了一步。使用谷歌地图，而不是笨重的旅游门户网站来查找便捷的酒店， 也是迈向数字化的一步。虽然构建自动审批流程的小型内部应用程序只是很小的一步，却是非常重要的一步：它能让人们进入“创造者思维”模式，这种思维能激励他们通过构建解决方案来解决问题，而不是顽固地参考过时的规则手册。只有当人们能够构建解决方案时，数字化反馈循环才能发挥作用。对于企业 IT 部门来说，这可能是最大的障碍，因为他们有严重的**代码恐惧症**（参见 2.4 节）。软件创新就是由代码构成的，因此如果想变得数字化，那么你最好要学会编码！

逐步迈向数字化的机会很多。我倾向于解决小问题，或者加速和自动化小的事项。在谷歌，获取一个 USB 充电线只需要 2.5 分钟：首先花 1 分钟步行到最近的**科技站**，然后花 30 秒在自助机上刷工作卡并查找电缆，最后再花 1 分钟回到办公桌。同样的事情，如果在传统企业 IT 环境里，我必须给某个人发封邮件，他再转发给另一个人，这个人会回邮件问我用的是哪种手机，得到我的邮件确认后才会排进处理队列。这就是我必须获得批准的过程，耗时大概是 2 周。速度比为 14 天 × 24 时/天 × 60 分钟 ÷ 2.5 分钟=8064，和**建立源代码仓库**（参见 5.3 节）那个案例几乎一样。改进这个过程会是一个伟大的“数字化”微型项目。你还是没看到过正面的业务案例吗？这可能是因为你的公司还没有建立起快速处理解决方案。一家真正的数字化公司可能只需要一个下午就能构建出完整的解决方案，包括数据库和 Web 用户界面，并将其免费托管在他们的私有云上。如果从来就没有开始构建小且快速的解决方案，你的 IT 部门就会毫无作为，也很可能无法在数字化环境中发挥其应有的作用。

5.5.8 栈谬论

由于大多数企业 IT 部门集中在基础设施和运营上，因此让他们应用**软件思维**（参见 2.8 节）需要巨大的转变。比如，我一直想构建一个**通话中标志**来表示我的 IP 桌面电话处在**占线**状态，但这一想法从未实现过，因为在推出这些设备的网络团队里，没人可以用软件 API 编码或工作。在“提升技术栈”的时候，组织要面临的挑战是众所周知的，比如从基础设施到应用程序软件平台，或者从软件平台到最终用户应用程序，这些挑战也被恰当地贴上了栈谬论[①]的标签。即便是成功的数字化公司也会低估这些挑战并受到栈谬论的影响：虚拟化软件强大的VMware无法与亚马逊在面向终端用户的云计算上展开竞争，甚至强大的谷歌也难以从搜索和邮件等实用软件转向引人入胜的社交网络领域，因为后者是由Facebook主导的市场。

对大多数企业IT部门来说，这意味着，从对运营基础设施的关注到通过快速演进应用程序和服务以吸引用户，都需要不断地进取。虽然这样做很有挑战性，但这是必要的，而且是可行的：内部IT环境不需要在公开市场上参与竞争，这让它有机会逐步进行增量改进。此外，由于真正的数字化IT组织能为企业带来显著的回报，因此企业可以积极地提供资金来支持变革。

① 参见TechCrunch网站上的文章，*Why Big Companies Keep Failing: The Stack Fallacy*。

5.6 金钱买不到爱情

也买不到文化变革

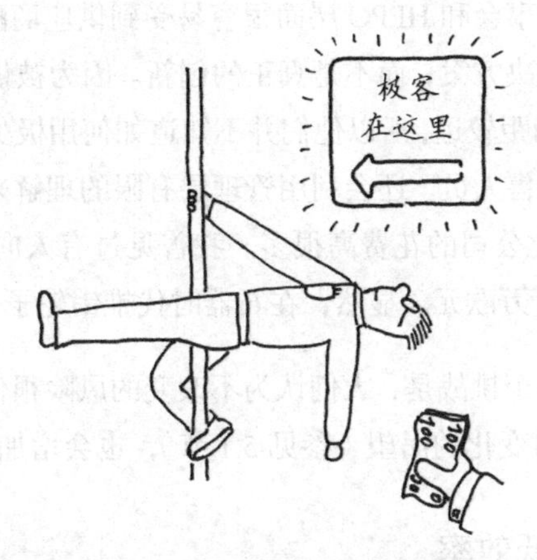

我周二就要那个功能上线

我从硅谷公司辞职后进入了传统行业，当时有新同事反复提醒我说新雇主是个大型企业，意思是我在谷歌工作的那一套在这里不适用。我的标准反驳是，人们通常会用市值来衡量一家公司的规模，按照市值计算，我的新雇主的规模大约是谷歌的 1/10。同样，也有新同事会说谷歌资金雄厚，当然可以为所欲为了。与此相反，我认为许多成功的传统企业实际上太有钱了，但讽刺的是，钱多反倒导致一些组织问题。

5.6.1 创新者的窘境

怎么会说组织的钱太多呢？毕竟，组织的目标就是最大化利润并回报股东。为此，企业使用严格的预算流程来控制支出。比如，被提议的候选项目是根据其预期回报率来评估的，而评估基准通常是根据已有投资的情况设定的，有时称为 IRR，即"内部回报率"。

然而，这样的评估过程对创新项目不公平，因为新想法不得不与现有的高利润"摇钱树"项目竞争。大多数创新产品在早期阶段无法与现有产品的性能或盈利能力相媲美。因此，传统的预算流程可能会拒绝有希望的新想法，这就是由克莱顿 · 克里斯坦森所命名的**创新者的窘境**①的现象：颠覆性技术可能会遭受拒绝，因为它们最初不能满足市场的需求。然而，当颠覆性技术随后超越了现有技术时，就会对那些没在早期阶段投资这些技术的组织造成威胁。

---

① 参见克莱顿 · 克里斯坦森的《创新者的窘境》一书。

5.6.2 留意最高薪人士的意见

虽然基于预期回报做出投资决策的方式有缺点，但应用这种方式的公司至少可以遵循一致的决策指标。很多有钱的公司还有另一个不同的决策流程：**HPPO，即最高薪人士的意见**。这种决策流程不仅高度主观，而且董事会和HPPO层面很容易受到供应商酷炫演示的影响。这些演示通常会兜售渐进式的“企业”解决方案，而不是真正的创新。因为被供应商和顾问包围的决策者与实际的技术和软件开发团队相距较远，所以他们并不知道如何用极少的预算来建立可工作的解决方案。更糟糕的是，内部“销售人员”还会利用管理层有限的理解来推销自己的偏好型项目，通常这种项目的成本要比数字化公司的花费高很多。我曾见过有人向董事会建议将功能作为API公开，预算成本竟然高达数百万欧元。显然，在石器时代推销轮子会很容易。

对“富有”的公司的另一个挑战是，人们认为不改变的风险很低——毕竟，当前的一切都运作得很顺利。这会抑制人们对变化的渴望（参见5.1节），也会增加公司被瓦解的风险。

5.6.3 开销和被容忍的低效率

许多拥有盈利商业模式的企业会有巨大开销：奢华的企业办公室，包含极其慷慨的退休金条款的老员工合同，为不再需要的职位雇用过多的人，为高管配备了太多的行政资源和设施，诸如司机、洗车房、高管专用餐厅、董事房间特有的咖啡和蛋糕服务等，这个清单很长。这种间接成本通常分摊在所有成本中心，给研究和应用颠覆性技术的小型创新团队带来了沉重的财务负担。举个例子，我的架构师小团队里有很多种间接成本，从办公空间、餐厅补贴到工作场所费用（计算机、电话等），这些我都无法控制。相比之下，数字化公司为员工提供的免费午餐只是一笔微不足道的开支。

这些巨额的间接成本来自富有的组织中可以容忍的低效率，因为组织没有压力去改变这些低效点。我能举出大把例子：劳动密集型的手动流程（我曾见过有人每月手动制作基于SAP数据的电子表格），20多位高管同时参加大量的会议，与会的一半人对会议鲜有贡献，订购流程里到处都要用到纸张，为数字化战略会议打印并分发了大量的纸张资料。所有上述事项加起来，使得大公司很难在新领域中参与竞争，因为这些领域的利润还不足以支撑起这种被容忍的低效所带来的开销。

5.6.4 外部依赖

在富有的组织寻求转型的过程中，最危险的后果之一就是，他们相信可以随意购买任何需要的技能。20世纪90年代末，我在为电信企业提供咨询服务时发现了这一点。当时，由于从宽带互联网市场获得了额外的提振，电信行业的利润仍然非常丰厚。在这些企业中，绝大多数的技术工作是由外部承包商和系统集成商（我曾经在那里工作过）完成的。这种盈利的商业模式让电信公司有能力负担相当高的咨询费、高额的合同管理费用以及经常性的项目成本超支。

他们认为 IT 只是一种商品：很有必要，但不具备竞争优势。这就是这些企业认为根据需要外包 IT 技能没有风险的原因。相反，这些公司看重的是能够根据需要增减外部 IT 员工的灵活性，就像他们对管理人员或者保洁人员所做的那样。

然而，这种模式在数字化时代有着严重的缺陷。首先，它会让组织无法有效地参与到**构建–衡量–学习循环**（参见 5.4 节）中去，因为外部人员通常会在预先协商好的工作范围内工作，所以他们很少有动力继续对产品进行迭代或者缩短发布周期。其次，组织也无法对新技术及其潜力产生深刻的理解，从而导致创新遭到扼杀。更糟糕的是，在许多组织中，甚至对现有系统环境的理解都依赖于外部承包商，这使得组织无法基于现状做出合理的决策。如果你不知道自己的起点在哪里，你就很难走上变革之路。

这些企业的 IT 部门最终沦为纯粹的预算管理和报告机构，几乎没有任何 IT 技能。需要的主要技能就是确保预算和支出，同时向管理层汇报具体花费了多少。这些公司对 IT 人才几乎没有吸引力，因为合格的求职者意识到他们的技能不是该组织真正重视的。然而在这些企业里，只要资金流动顺畅，所有人的工作就会得到认可。

但是，随后的变革带来了戏剧性的结果：几乎没有哪个行业会像电信公司那样被数字化公司轻松超越。电信行业曾经“掌控”了整个通信市场，但他们完全没有看到智能手机和数字化消费服务的潜力。他们的 IT 部门只知道关注计费等后台处理来**追求效率**（参见 5.3 节），而不是向客户提供新的服务，而且他们的组织结构设置也使得 IT 部门难以转型。最终，电信行业只能提供价格大幅缩水的“哑数据管道”[①]，而数字化公司则享受着数千亿美元的估值和丰厚的利润率。有经验的软件架构师都知道，系统如果有太多的外部依赖就会陷入麻烦。对于组织来说也是如此。

5.6.5 付出得越多，可能收获越少

在电信领域错过“数字化航班”的案例里，肯定还有其他因素，但认为技术技能可以在需要时随手可得的态度是极其危险的。就像你不能花钱买到挚友一样，公司也不能光靠花钱就能买到工作态度积极的员工。拥有诸如云架构、大数据、移动开发等市场所需技能的候选人都去了那些和他们志趣相投的牛人们所在的团队。这就给传统公司带来了“鸡生蛋还是蛋生鸡”的问题。

---

① 哑数据（dumb data）是指没有实际业务属性的数据，也就是说，无法通过分析数据获得业务数据。——译者注

一定程度上，公司可以通过支付更高的薪水来克服这一障碍。然而，薪酬往往不是最佳候选人选择工作的主要动机——他们在寻找雇主，在那里，他们可以向同行学习，并能通过快速实施项目来展示他们的影响力。这就是公司很难花钱“买”到真正有技能的员工的原因。更糟糕的是，通过提供更高的薪水来吸引人才会适得其反：它会吸引那些只为了钱而工作的“雇佣兵”开发人员，而不是充满热情的人才，后者想加入的是那些拥有改变世界雄心的高效团队。我经常会把这种情况比作不受欢迎的孩子在学校里发糖果：发糖果的孩子没有交到朋友，但他会被那些假装愿意成为朋友的孩子们包围，这样他们就能拿到糖果。在此声明，与顾问的所有雷同之处纯属巧合。

5.6.6 文化变革要由内而发

虽然你可以聘请顶级顾问来实施令人兴奋的新技术项目，但他们并没有显著改变组织的文化。外部顾问可以带来有价值的意见和建议，但文化变革必须由内而发。一个组织的文化不仅包括它的结构和所遵循的流程，而且包括组织内人员共有的基本价值观和信仰。因此，John Roberts[①]将组织的描述特征划分为 PARC——人员、架构（结构）、例程（流程）和文化。重组和流程再造可以相对容易地改变组织的架构和例程，但是文化变革必须由公司领导层来灌输。这需要大量的时间和精力，有时还需要变动领导层，“为了改变管理，有时候你必须变动管理层”。因为数字化转型既需要新技术，又需要变革组织文化，所以我选择从大型 IT 组织内部发起转型，而不是由外部顾问发起。从内部发起转型很难，却是唯一可持续的方式。

① 参见 John Roberts 的著作，*The Modern Firm: Organizational Design for Performance and Growth*。

5.7 有谁喜欢排队吗

守株待兔是行不通的

100%的利用率

上大学期间，我们经常会思考自己的所学是否能够以及如何助力未来的职业和生活。当我还在等待如阿克曼函数般加速自己的职业发展时（计算机科学系的第一个学期为我们带来的一场有关可计算性的讲座），有关排队理论的课程实际上就已经对我们的生活和事业有所帮助了：它不仅可以让你在超市收银台前排队时和你前面的人谈论 M/M/1 系统和**单队列多服务器系统**（大多数超市不用这种方法）的好处，而且还为你提供了重要的基础来思考**速度经济**（参见 5.3 节）。

5.7.1 留意活动间隙

当在企业中寻求加速时，大多数人会关注工作是如何完成的：是不是所有的机器和人员都得到了充分利用，他们的工作是否高效？讽刺的是，追求速度时，你不能只盯着活动本身，而是要**留意活动间隙**。通过观察活动，你也许会发现效率低下的活动，但通过观察活动间隙，你能发现**停滞现象**，也就是有工作项被搁置在那里等待被处理的情况。停滞对速度的影响比低效的活动更有害。一台运转良好且利用率几乎是百分之百的机器，处理一个小部件如果需要等 3 个月，那你可能都已经复制完公共卫生保健系统了，这是以效率但肯定不是以速度为导向的。许多统计数据表明，在企业 IT 环境里，订购服务器等典型流程几乎有超过 90%的等待时间。与其增加工作量，不如减少等待时间。

5.7.2 一些排队论知识

在查看活动之间的事情时，你一定会发现**队列**，就像医院里的排队。为了更好地理解它们是如何工作的以及它们对系统做了什么，我们来讲讲排队论。我们大学时用的排队论教科书是 Kleinrock 的 *Queueing System*[①]，现在仍然可以买到，就是有点贵。不过你不用担心，要理解企业转型并不需要消化整整 400 页的内容。

我们的大学教授提醒过我们，如果我们只能记住他课上讲授的一个知识点，那应该就是**利特尔法则**。利特尔法则的公式是 $T = N / \lambda$，它表示在一个稳定的系统中，总处理时间 T（包括等待时间）等于系统中的项目数量 N（队列中的项加上正在处理的项）除以处理速率 λ。这个理论很直观：队列越长，处理新项目所需的时间就越长。如果你每秒处理 2 个项目，系统中平均有 10 个项目，那么处理完 1 个新项目在系统中要花费 5 秒。你可能已经猜到了，这 5 秒中的大部分花在了排队上，而不是实际处理。利特尔法则值得注意的方面就是，这种关系适用于大多数到港和离港的分布情况。

为了在速度和效率之间架起一座桥梁，我们需要看看利用率和等待时间之间的关系。只要有项目在被处理，系统就处于利用的状态，这也意味着有 1 个或多个项目位于系统中。如果把给定数量的项目在系统中的概率加起来，即 0 项（系统是空闲的）、1 项（有 1 个项目正在被处理）、2 项（1 个项目正在被处理，另外 1 项在排队），等等，你就会发现，系统的平均项目数量等于 $\rho/(1-\rho)$，其中 ρ 表示**利用率**，或者服务器繁忙的时间段（我们假设项目的到达是独立的，这种情况称为**无记忆系统**）。根据这个公式，你很快就会发现最高利用率（ρ 接近 100%）会导致队列无限长。将利用率从 60%提高到 80%几乎是将平均队列增长了 3 倍：从 0.6/(1−0.6)=1.5 到 0.8/(1−0.8)=4。利特尔法则告诉我们，平均处理时间和平均队列长度是线性增加关系。提高利用率会赶走你的客户，因为他们已经厌倦了无休止的排队！

5.7.3 查找队列

排队论证明了提高利用率会增加处理时间：如果你生活在一个更注重速度的世界里，就必须停止追求效率。相反，你必须看看队列。有时，这些队列是可见的，比如银行里排起的长龙，你取了排队号就想知道能否在下班前轮到自己。在企业 IT 环境里，队列通常不太显眼或者完全不可见，因此人们很少关注它们。一旦你仔细观察，就可以找到许多典型的例子。

---

① 参见 Leonard Kleinrock 的著作，*Queueing Systems*（第 1 卷：Theory），1975 年。

- **繁忙的日程表**：当每个人的日历有 90%被“占用”的时候，人们要见面讨论问题就要等好几个星期。我曾经为了和高管们开会等了好几个月。
- **指导会议**：这样的会议往往每月或每季度召开一次。很多主题讨论都要排队等待，这样的等待通常会导致决策或者项目进度延迟。
- **电子邮件**：收件箱里塞满了你只需要 3 分钟就能搞定的邮件，但是你好几天都没能处理完，因为你整天都在开会。在我的收件箱里，邮件经常会待在那里好几周才被处理。
- **软件发布**：代码已经编写完毕，也经过了测试，但是需要排队等待发布，有时候需要 6 个月。
- **工作流**：从发票报销到员工申请加薪，很多流程有着太长的等待时间。比如在大公司里，采购一本书需要好几周。相比之下，在亚马逊网站购买，第二天就能发货。

要了解队列所造成的损害，可以想想订购一台服务器通常需要 4 周或更长时间的场景。实际上，基础设施团队不会为你从头构建一台全新的服务器：现在大多数服务器是以虚拟机的形式提供的［多亏了**软件吞没整个世界**（参见 2.8 节）］。如果设置一台服务器实际需要 4 个小时，包括分配 IP 地址、加载操作系统映像、做一些非自动化的安装和配置工作，那么流程中的排队时间就会占总时间的 99.4%！这就是我们要观察队列的原因。除非你改进了服务器申请流程，否则，将配置服务器实际所需的 4 小时努力优化为 2 小时，并不会对整体速度产生任何影响。

5.7.4 插队

排队永远不会高效，但偶尔会很有趣。我在旧金山码头的邮局排队等候时，曾仔细观察过那些一直不停忙碌且非常友好的邮政工人。为了不在那里干等着，我走出队列为我的紧急信件拿了一个优先邮件信封（当时我并不知道涂鸦研究实验室用邮政用品做了一些很酷的东西）。当我回到队列中的原有位置时，我身后的那个人有些不满，简短争辩后他说：“你已经离开队列了。”我认为，他没听出自己那番话里的可笑之处，因为只有我被逗乐了。

数字化公司非常明白队列带来的危险。那些不知名但免费好喝的谷歌咖啡馆里有着这样的标语：“鼓励插队。”这是因为谷歌不愿意浪费因 20 个人礼貌等待一个人点好蔬菜沙拉而丢失的机会成本。他们生活在速度经济的世界里，即使是在自助餐厅里。

5.7.5 让队列可见

有一句古话，“你无法管理你无法衡量的东西”，这不是 Edwards Deming 总结出来的。让队列变得可见，就是管理它们的重要一步。比如，来自售票系统的指标可以显示出每个步骤消耗的时间，或者工作量与所花时间之比（你会感到震惊！）。数据表明，大多数时间花在了等待上，这些发现有助于组织**在新的维度上思考**（参见 5.8 节），比如要认识到耗费更多的时间并不等于更高的质量。

保险理赔等关键业务流程，队列指标通常在业务活动监测系统（Business Activity Monitoring，BAM）中进行管理，并且非常明显可见。企业 IT 部门应该使用 BAM 来度量自己的业务，比如提供软硬件并减少延迟时间。反应迟缓的 IT 部门就意味着业务不景气。

为什么**单队列多服务器**系统更高效？超市又为什么不采用这些系统呢？将客户排列在单个队列中可以避免服务器（也就是收银员）由于客户在多个队列中分布不均匀而处于空闲状态。这个系统还允许平稳地增加或减少收银员的数量，而不会有客户跑到新开或正在关闭的结账通道。最重要的是，这样做不会让一些客户总是郁闷地觉得旁边通道移动得更快！然而，单个队列需要更多的楼层空间和单独的入口。你能在很多邮局或者 Fry's Electronics 等大型电商那里看到**单队列多服务器系统**。

附：消息队列

与人合著一本有关异步消息队列的书[1]的人，怎么能得出队列太麻烦的结论呢？我想表达的是，对队列的担忧程度取决于你想要构建什么类型的系统。如果你想优化吞吐量和利用率，队列就是一个很有用的工具。即使在利用率低的系统上，队列也有助于缓冲负载峰值，从而使资源能够以最佳的速率保持工作。想象一下，每个人在超市结账时都只想把东西直接堆到收银台上的情况。这是队列少数有用的场景之一。许多业务要优化的是吞吐量而不是延迟，比如星巴克（参见 2.1 节）。队列在这种情况下是很有用的。

变长的队列会带来麻烦，特别是当你工作在需要速度和反馈的环境时，因为你会为追求高效率的系统所困。要知道，效率和速度不能兼得。

① 参见霍培和 Woolf 的著作，《企业集成模式》。

5.8　在四个维度上思考

过高的自由度会让你头疼

困在二维世界

大学编程理论课教了我们 n 维空间里的球体。虽然这背后的数学原理很有意义（球体表示编码的"误差半径"，但在编码方案里球体之间的空间纯粹就是"浪费"），但尝试将四维球体可视化会让你头疼一阵子。不过，在更多维度上思考可能是转变你对 IT 和业务看法的关键。

5.8.1　在一条线上生活

IT 架构需要专业的权衡：灵活性带来复杂性，解耦增加延迟，分布式组件引入通信开销。架构师的角色通常就是根据经验和对系统所处环境和需求的理解，在这样的连续统一体上确定"最佳"位置。系统架构本质上就是由多个连续统一体权衡组合起来的。

5.8.2　质量与速度

提及开发方法时，一个众所周知的权衡发生在质量和速度之间：如果有更多的时间，就可以获得更好的质量，因为你有时间正确地构建东西，并进行更全面的测试以消除剩余的缺陷。数数你有多少次听到过这样的争辩："我们也希望有个更好（更可重用、可扩展和标准化）的架构，但我们没有时间啊！"你就会开始相信，这天赐的权衡是在 IT 项目管理入门的第一节课上就学过了。无处不在的标语"快速而粗糙"进一步强调了这一信念。

因为提出这一观点的人无法区分**快速的有序和缓慢的混乱**（参见 4.5 节），所以他们通常喜欢把那些行动迅速的公司或团队描述成自由散漫的"牛仔"，或者是在质量于他们并不像"严肃"

业务一样重要的环境下构建软件。“香蕉产品”这个词有时会用来描述这种情况，意思是这种产品可能到了顾客手中才会成熟。这再一次表达了要速度就可以忽视质量的观点。

颇具讽刺的是，“我们没有时间”这种说法通常是由他们自身引发的，因为项目团队往往要花好几个月的时间来撰写文档、审查需求或者获得批准，直到最后高层管理人员敲着桌子要求取得一些进展。在所有这些准备阶段期间，团队“忘记”了与架构团队交流，直到做预算的人抓住他们并要求他们先通过架构评审，而架构评审总是以“我也想做得更好，但是……”开场。这样的结果就是一幅支离破碎的 IT 全景图，其中包括了一些杂乱的临时决定，因为永远没有足够的时间来做正确的事情，而且以后也不会有相应的业务案例来修复它。“没有什么能像临时方案那样长久”，这句俗话在企业 IT 环境里肯定成立。大多数这种临时方案能维持到软件因为供应商停止支持而变成安全风险的时候。

5.8.3 更高的自由度

如果我们在看似线性权衡的质量和速度之间加入一个维度呢？幸运的是，我们只是从一维到二维，因此不会像想象 n 维球体时那样头疼。我们只需要在坐标系中把两个轴分别绘制成速度和质量，而不是放在一条直线上。现在，我们可以把这两个参数之间的权衡描绘成一条曲线，其形状展示了为达到多好的质量而必须相应放弃多少速度。

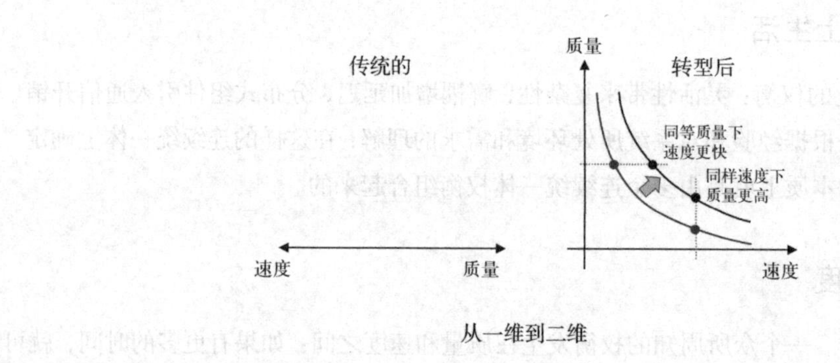

从一维到二维

为简单起见，可以假设这个关系是线性的，由一条直线来表示。不过，这可能不正确：当目标接近零缺陷时，需要花费的测试时间可能会增加很多。众所周知，测试只能证明存在缺陷，而不能证明没有缺陷。为生命和安全攸关的系统或者要发射到太空的设备开发软件，可能处于曲线的左端，这是很正确的，但还是无法完全实现零缺陷。火星气候探测者号就是个例子，由于公制单位和美国测量单位之间的误差导致该探测器解体。在曲线的另一端是“勿失良机区域“，可能只是达到了你能做到的速度极限。你必须放慢速度，至少要在适当的设计和测试上花些时间，以提高质量。因此，这段关系看起来更像是凹曲线，它在两个轴上渐近于极值。

在这幅二维视图中，时间（速度）和质量之间的权衡仍然存在，但是你可以更理性地思考两者之间的关系。这个典型的例子说明了即使是**简单的模型也能提高你的思维能力**（参见 1.5 节）。

5.8.4 改变曲线的形状

一旦进入二维空间，你可能就会问一些更深刻的问题："我们能移动曲线吗？""如果可以的话，需要用什么来移动它呢？"将曲线向右上移动就能以同样的速度获得更好的质量，即在不牺牲质量的前提下获得更高的速度。改变曲线的形状或位置意味着我们不再需要在速度和质量之间沿固定的连续统一体移动了。这是异端邪说，还是通往隐秘生产力世界的大门？

可能两者都有，但这正是数字化公司所取得的成就：它们已大幅调整了曲线，以实现在 IT 产品交付过程中前所未有的速度，同时还保持了功能的质量和系统的稳定性。他们是怎么做到的呢？一个重要的因素就是遵循**针对速度优化**（参见 5.3 节）的流程，而不是针对资源利用率或进度可预测性的流程。其中关键的组成部分就是技术或架构的本质：自动化、代码模块的独立部署、弹性运行时间、高级监控、分析，等等。

- 他们知道软件运行快且可预测，因此**永远不会派人去干机器的活**（参见 2.7 节）。
- 他们把尽可能多的问题转化为软件问题，这样就可以实现自动化，从而让软件运行得更快，而且通常也更可预测。
- 如果真的出现了问题，他们也能迅速做出反应，而且通常用户几乎没有察觉。这是可行的，因为他们自动化了一切并且**使用版本控制**（参见 2.8 节）。
- 他们建立了弹性系统，这些系统能够承受干扰和自我修复，而不会试图预测和消除所有的失败场景。

5.8.5 反转曲线

如果增加一个新的维度不会让人们头疼，那就可以告诉他们，在软件开发中甚至有可能反转曲线：更快的软件通常意味着更好的软件！软件开发过程的大部分时间花在了争执和手动任务上，比如搭建服务器或者环境带来的漫长等待、全手动的回归测试，等等。通常可以通过**自动化一切**来消除这些争执和手动过程，这样做不仅可以加速软件开发，而且还能提高质量，因为手动任务是常见的错误源头。因此，你可以把速度作为杠杆来**提高质量**。

5.8.6 质量是什么

在谈到速度和质量时，你应该多花点时间思考质量到底意味着什么。大多数传统 IT 人员会将其定义为软件符合规范，以及软件的交付过程遵守既定的计划。此外，系统的正常运行时间和可靠性肯定也是质量的一部分。质量的这些方面本质上是**可预测的**：我们得到了自己要求或希望的东西，这也是团队当时承诺要交付的。但是，怎么知道我们要求了正确的东西呢？可能有些团队会和用户做些沟通，因此认为需求反映了用户想要系统做些什么，但是，用户真的知道自己想要什么吗？特别是如果你正在构建一个用户从未见过的系统时。Kent Beck 的名言之一就是"我想构建一个用户**希望他们自己要求的系统**"①。

传统的质量定义只是一个**代理指标**：我们预先假定知道客户想要什么，或者至少客户知道自己想要什么。如果这个代理指标不是非常可靠呢？生活在数字化世界的公司不会假装知道客户想要什么，因为他们正在打造全新的解决方案。他们不会询问客户想要什么，而是**观察客户的行为**。根据观察到的行为，他们会快速调整和改进产品，通常会使用 A/B 测试来试验新功能。人们有理由相信，这样做会产出质量更高的产品，而这个产品就是顾客希望他们之前就能要求的。因此，通过改变曲线，你不仅能够控制以多少速度获得多少质量，还可以控制什么质量才是你的目标。也许这就是另一个维度。

5.8.7 少了一个维度

当习惯于在自由度更高的世界里工作的人们进入自由度更低的世界时，会发生什么呢？这种切换可能会带来很多惊奇的事情以及一些让人头疼的事情，几乎就像我们从三维世界到了**平面世界**一样。较好的解决办法是教育和**引导变革**（参见 5.2 节）。

---

① Kent 的总结比较抽象，详细的意思是，他想创建一个系统，用户在看到这个系统时会说："哇，这就是我想要的系统，之前你问我的时候，我就应该跟你说我要这样的系统。"——译者注

第6章

架构 IT 转型

自下而上转型

本书的主要目的是鼓励 IT 架构师在改变传统 IT 组织的过程中发挥积极作用，这些组织势必要与市场上的数字化颠覆者竞争。你可能会问："为什么技术架构师应该承担起这项艰巨的任务？"因为理应如此。许多管理者或 IT 领导者可能具有强大的沟通和领导能力，而这些能力是改变组织所必需的。然而，今天的数字化变革不只是组织结构上的重组，而是由移动设备、云计算、数据分析、无线网络、物联网等 IT 创新所驱动的重组。

因此，要带领组织进入未来的数字化世界，就需要对底层技术及其在竞争优势上的应用程序有透彻的理解。很难想象单纯通过"自顶向下"的方式推动数字化转型会获得成功。不懂技术的管理最多只能根据外部顾问或行业期刊的意见踉踉跄跄地前进。但这还不够，数字化世界中的竞争非常激烈，客户的期望与日俱增。当听说有成功的创业公司上市或者被收购而得到一大笔钱时，我们通常忘记了在同一时空下的其他几十个甚至几百个创业公司都没能熬到这一步，尽管他们各自也有伟大的想法，还有一群聪明人在非常努力地工作。而架构师，这群扎根于技术的人，需要帮助推动数字化转型。

作为架构师，如果你还不相信帮助组织转型是你本职工作的一部分，那么你可能没有太多的选择。通常，只有组织结构、流程和文化都发生了变化，最新的技术进步才可能被成功地实施。比如，DevOps 风格的开发之所以得以实现，是因为自动化技术的出现，而不是依赖于对**变更**和**运行**的隔离。云计算可以极大地缩短上市时间并显著降低 IT 成本，但前提是组织及其流程能够授权开发人员实际提供服务器并进行必要的网络更改。最后，要在数据分析方面取得成功，组织需要停止基于管理会议上的幻灯片做决策，而应该基于硬数据做决策。所有这些都是重要的组织转型工作。在当今的数字化世界里，技术演进已与组织进化密不可分了。相应地，架构师的工作扩展到了更多方面，不仅要设计新的 IT 系统，而且要设计与系统匹配的组织结构和文化。

由内而外转型

大多数数字化市场是赢家通吃的市场：谷歌拥有搜索，FaceBook 拥有社交网络，亚马逊拥有在线零售和云计算，Netflix 主要拥有内容（与亚马逊竞争）。苹果和谷歌的安卓则称霸移动领域。谷歌试图进入社交领域，但进展很不顺利。微软也在搜索和移动领域痛苦挣扎。亚马逊同样在移动领域遭遇困难，就像谷歌不断在在线零售中努力却永远也无法获得足够的动力。在云计算领域，即使是全能的谷歌充其量也只是亚军，而冠军亚马逊则遥遥领先。传统组织作为旁观者观看着这些泰坦巨人们的战斗，就像在看台上边吃着爆米花边看着世界级运动员的比赛。这些市值数千亿美元的泰坦巨人们（“婴儿”期的 Netflix 在 2016 年就已有约 500 亿美元的市值），不仅拥有世界顶级的 IT 人才，而且有极具才华和技能的管理团队。

只靠观看供应商演示和购买一些新产品，是无法让组织有能力和这些巨人竞争的。随着数字化变革的总体方向变得相当清晰，技术已经发展到每个拥有信用卡的人都可以在几分钟内获得服务器和大数据分析引擎的程度。因此，组织的主要竞争资产就是自身的快速学习能力。外部顾问和供应商可以提供帮助，但不能代替**组织自身的学习能力**（参见 5.4 节）。因此，架构师需要驱动或者至少支持从组织内部发起的转型。

从象牙塔人到企业救星

在数字化颠覆时代，IT 架构师的工作变得更具挑战性：不仅要与更快的技术演进保持同步，而且要精通组织工程和理解企业战略，此外，与上层管理者沟通现在也成为了架构师本职工作的一部分。但是，只有架构师接受挑战，他的工作才能变得更有意义和更有价值。新的数字化世界不会奖励那些坐在象牙塔里画图的架构师，而会奖励那些亲自动手的创新驱动者和变革推动者。我希望这本书能鼓励你接受挑战，并在你的挑战旅途中为你提供有用的指导和一点智慧。

我说的一切都是事实

给大家分发红药丸

这里更舒服

对于许多在传统企业工作的人来说，踏上转型之旅可能极其激动人心，有时甚至是痛苦的。数字化公司由受过高等教育的 20 多岁的“数字原住民”经营，或者至少认为是由他们经营的，这些人不会因为家庭或社会生活而分心，还几乎不需要睡觉。虽然为消费者提供的服务大部分是免费的，但他们的雇主几乎没有什么遗产要处理，而且在银行里也有数十亿美元。对在一成不变的文化和程序下工作了几十年的 IT 人员来说，这可能会导致恐惧、否认和怨恨等五味杂陈的感受。

因此，让这些人参与到转型过程中是件微妙的事情。如果你太温和，人们可能看不到改变的必要。如果你太直率、太引人注目，人们可能会害怕或怨恨你。

真相至上

最后一次引用电影《黑客帝国》的场景：当要求尼奥在红色和蓝色药丸之间做出选择时，墨菲斯说红色药丸会把他推向现实，而蓝色药丸则会让他继续处于母体制造的幻觉中。墨菲斯并没有描述“现实”是什么样子的，只是说：

> 记住，我说的一切都是事实，仅此而已。

如果他告诉尼奥，现实就是尼奥蜗居在一艘狭窄的气垫船里，在下水道里巡逻，和母体放出的电子乌贼作战，而这些电子乌贼会不停地搜索人类的指挥船，并且会用强大的激光束将指挥船粉碎，那么尼奥很可能会选择蓝色药丸。但是尼奥明白，当前的状态很不对劲，这只是母体制造的幻觉，他非常想改变这个系统。相比之下，大多数公司 IT 人员对他们目前的环境和职位非常满意，但是你要知道这种状态只是一种幻觉。因此，你不仅要给这些企业 IT 人员分发红色药丸，还需要更努力地推动他们。

就像电影《黑客帝国》一样，人们可能会发现自己置身于新的数字化现实中，但这可能并不完全符合他们的预期。我知道的一次架构师会议就充分地展现了这一点：会议期间，一位架构师声称，要让转型的尝试获得成功，就要让架构师的生活更轻松些。如果改变公司 IT 环境，只是为了让一个人的生活变得更轻松，那这注定会让人失望，也很难引领数字化未来。技术的进步和新的工作方式会令 IT 工作更有趣，对业务也更有价值，但并不会让 IT 人员的生活变得更轻松：他们必须学习新的技术，并且加快步伐，因为环境往往会变得越来越复杂。数字化转型不是方便与否的问题，而是企业生死攸关的问题。

数字化天堂

从外部看，在数字化公司工作似乎有免费午餐、按摩，还可以骑骑赛格威平衡车。虽然数字化公司会给员工提供了闻所未闻的福利，但他们的确在内外部都具有很强的竞争力。他们坚定地信奉持续变化和保持速度的文化，以保持竞争力和推动创新。这就意味着，数字化公司的员工很少会满足于自己在工作中取得的成就，而是必须继续努力。工程师加入数字化公司不是为了放松，而是要突破极限、创新和改变世界。

不过回报和挑战是相符的，不只是在财务上，最重要的是能让工程师们真正发挥作用，完成那些他们自己无法单独完成的事情。十多年前，谷歌已经可以把你编写的应用程序扩展部署到10 万台服务器上了，而且能够在一两秒钟内对 PB[①]数量级的日志进行分析。大多数传统公司在十年后仍然在梦想着能拥有这些能力。这些就是数字化 IT 生活的回报。这些例子也向传统公司展示了他们害怕数字化颠覆者的原因。

半个天堂可能就是地狱

在寻求转型时，传统公司往往能知道数字化颠覆者的做法，并试图将它们引入到传统的工作方式中。虽然了解竞争对手的想法和工作很重要，但是直接采用他们的做法就需要仔细考量了。众所周知，数字化公司的一些做法是把所有的源代码存储在一个仓库中，没有架构师，或者让员工按照自己喜欢的方式工作。在欣赏这些做法时，传统公司必须认识到，他们正在观看的是世界超级巨星们表演的令人惊叹的特技。是的，有些人在摩天大楼间走钢丝，或者从塔上跳下，滑进附近一座大楼的屋顶游泳池里，但这并不意味着你也应该在家里尝试同样的事情。

---

① PB 是 petabyte 的缩写，$1PB=1024^2GB$。——译者注

在采用“数字化”实践时，组织必须理解实践间的相互依赖关系。单个代码仓库需要一个世界级的构建系统，它可以扩展到数千台机器，并执行增量构建和测试循环。在没有这样的系统以及相应维护团队的情况下，就把你所有的代码都放在单个仓库里，就好比在没有降落伞的情况下跳楼一样，你不太可能轻轻地降落在附近屋顶的游泳池里。

弃船

对于大多数组织来说，走向数字化未来是个生死攸关的问题。想象一下，你是泰坦尼克号船上的一名官员，刚刚被告知这艘巨轮肯定会缓慢地沉没。大多数乘客对这种情况的严重性一无所知，他们正在上层甲板上舒适地喝着香槟。如果你走到乘客那里，并如此这般地挨个单独通知他们：

> 先生，请原谅我的打扰。您能考虑搬到主甲板上吗？因为这样我们才可以把您转移到更安全的船上。当然，可以等您喝完再搬。请再次原谅我们给您带来的不便。您的幸福安康是我们最关心的。

你可能不会得到太多的回应，也许只有怀疑的眼神。人们可能会点上另一种香槟，然后瞥了一眼你建议的船，也就是救生艇，只得出了这样的结论：相比于待在世界上最现代化的、永不沉没的远洋巨轮上而言，救生艇显然更不安全，也更不方便。

如果你像下面这样通知他们：

> 这艘船正在沉没！你们中的大多数人会被冰冷的海水淹死，因为我们没有足够的救生艇。

这样做只会引起大范围的恐慌，大家会一窝蜂涌向救生艇，这可能会让很多乘客在救生艇下水之前就已经死亡或受伤了。这和激励企业IT人员开始改变工作方式并要求他们离开当前舒适的位置没什么不同。他们也不太可能意识到企业的船正在下沉。选择什么样的沟通方法，取决于每个组织和个人。当我发现有人不作为的时候，我首先倾向于比较温柔的方式，然后“逐渐加重”沟通语气。

看到的不一定是真相

就像小小的浮冰不可能让现代化（在那个时候）巨轮沉没一样，小型的数字化公司也可能不会对传统企业产生威胁。大多数创业公司是由相对缺乏经验的、有时甚至有些天真的年轻人经营着，虽然他们的办公空间还没有完全建好，但他们相信自己坐在沙包上也可以对一个行业进行革命。他们通常人手不足，不得不在扭亏为盈之前争取多轮外部融资，当然，这是在有人愿意投资的情况下。

然而，就像冰山的90%在水下一样，数字化企业的巨大优势也是隐藏的：这取决于他们学习速度到底有多快，通常要比传统组织快太多。因此，不予理会或忽视创业公司最初进入一个成熟市场的尝试，很可能是一个致命的错误。你会发现传统企业经常会说“他们根本不懂我们的业务”。然而，传统企业花了50年时间才学会的东西，创业公司可能只需要一年或更短时间就可以学会，因为他们是针对**速度经济**而构建的，并且拥有可实际使用的令人惊叹的技术。

数字化颠覆者也不需要去**忘却**坏习惯。学习新事物很难，但忘记现有的流程、思维模式和假设更难。对传统公司来说，忘却和放弃曾经让他们赖以成功的东西，是转型的最大障碍之一。

一些传统企业可能会因为行业受到监管，所以不会感受到颠覆者对他们的威胁。为了证明安全网络监管是多么薄弱，我经常提醒业务领导者们，如果这些**数字化企业**能够让电动汽车和自动驾驶汽车上路，还能把火箭送入太空，那么他们肯定能获得银行或者保险执照，比如，他们只需要收购一家有执照的公司。

最后，数字化颠覆者往往不会从正面攻击传统企业。他们喜欢选择现有商业模式中那些效率极低的薄弱环节，但这些薄弱环节没有得到大型传统企业的足够重视。AirBnB 没有建立更好的酒店，而金融科技公司也没兴趣重建一家完整的银行或保险公司。相反，他们选择从充满了低效率、高佣金和不满的客户的渠道发起攻击，这样做允许商业模式以最低资本投资迅速扩张。一些研究人员声称，如果泰坦尼克号直接撞上冰山，它反倒可能不会沉没，相反，它被撞沉是因为冰山撕裂了船体相对较弱的一侧。这里也是数字化公司集中火力攻击的地方。

求救信号

幸运的是，你不是唯一参与 IT 转型的架构师。就像遇险的船只一样，要呼救！你不应该羞于寻求支持，因为没有证据表明转型、交流经验和奇闻轶事不能互惠互利。你甚至可以选择写本书分享你的经历，我会是你的首批读者之一。